国家出版基金项目
NATIONAL PUBLICATION FOUNDATION

"十四五"时期国家重点出版物出版专项规划项目
新一代人工智能理论、技术及应用丛书

人工智能技术在石油勘探上的应用研究

吴清强　刘昆宏　郑晓东　著

科学出版社
北　京

内 容 简 介

近年来,计算机技术的迅猛发展推动了人工智能在各行业的广泛应用,石油勘探领域也不例外。本书重点介绍人工智能在地震相分类、油藏属性预测和井间连通性等核心问题中的应用,阐述特征抽取、特征选择、聚类、分类、回归、时间序列和神经网络等不同类型的人工智能算法在石油勘探中的应用。首先,介绍石油勘探的历史以及数据的采集过程和意义。接着,详细说明不同算法的原理和具体应用。最后,简要介绍作者开发的 SeisAI 平台,该平台为读者提供了便捷的工具和环境。

本书适合高等院校石油工程、人工智能及计算机科学与技术专业的教师、研究生以及高年级本科生阅读,也可供石油勘探领域的工程技术人员和石油勘探领域的研究者与人工智能技术研究者阅读参考。

图书在版编目(CIP)数据

人工智能技术在石油勘探上的应用研究 / 吴清强,刘昆宏,郑晓东著. --北京:科学出版社,2024. 11. --(新一代人工智能理论、技术及应用丛书). --ISBN 978-7-03-079671-4

Ⅰ. TE1-39

中国国家版本馆 CIP 数据核字第 20241JP372 号

责任编辑:姚庆爽 / 责任校对:崔向琳
责任印制:师艳茹 / 封面设计:陈 敬

科 学 出 版 社 出版

北京东黄城根北街 16 号
邮政编码:100717
http://www.sciencep.com

北京中科印刷有限公司印刷
科学出版社发行 各地新华书店经销

*

2024 年 11 月第 一 版 开本:720×1000 1/16
2024 年 11 月第一次印刷 印张:11 1/2
字数:232 000

定价:120.00 元
(如有印装质量问题,我社负责调换)

"新一代人工智能理论、技术及应用丛书"序

科学技术发展的历史就是一部不断模拟和扩展人类能力的历史。按照人类能力复杂的程度和科技发展成熟的程度,科学技术最早聚焦于模拟和扩展人类的体质能力,这就是从古代就启动的材料科学技术。在此基础上,模拟和扩展人类的体力能力是近代才蓬勃兴起的能量科学技术。有了上述的成就做基础,科学技术便进展到模拟和扩展人类的智力能力。这便是 20 世纪中叶迅速崛起的现代信息科学技术,包括它的高端产物——智能科学技术。

人工智能,是以自然智能(特别是人类智能)为原型、以扩展人类的智能为目的、以相关的现代科学技术为手段而发展起来的一门科学技术。这是有史以来科学技术最高级、最复杂、最精彩、最有意义的篇章。人工智能对于人类进步和人类社会发展的重要性,已是不言而喻。

有鉴于此,世界各主要国家都高度重视人工智能的发展,纷纷把发展人工智能作为战略国策。越来越多的国家也在陆续跟进。可以预料,人工智能的发展和应用必将成为推动世界发展和改变世界面貌的世纪大潮。

我国的人工智能研究与应用,已经获得可喜的发展与长足的进步:涌现了一批具有世界水平的理论研究成果,造就了一批朝气蓬勃的龙头企业,培育了大批富有创新意识和创新能力的人才,实现了越来越多的实际应用,为公众提供了越来越好、越来越多的人工智能惠益。我国的人工智能事业正在开足马力,向世界强国的目标努力奋进。

"新一代人工智能理论、技术及应用丛书"是科学出版社在长期跟踪我国科技发展前沿、广泛征求专家意见的基础上,经过长期考察、反复论证后组织出版的。人工智能是众多学科交叉互促的结晶,因此丛书高度重视与人工智能紧密交叉的相关学科的优秀研究成果,包括脑神经科学、认知科学、信息科学、逻辑科学、数学、人文科学、人类学、社会学和相关哲学等学科的研究成果。特别鼓励创造性的研究成果,着重出版我国的人工智能创新著作,同时介绍一些优秀的国外人工智能成果。

尤其值得注意的是,我们所处的时代是工业时代向信息时代转变的时代,也是传统科学向信息科学转变的时代,是传统科学的科学观和方法论向信息科学的科学观和方法论转变的时代。因此,丛书将以极大的热情期待与欢迎具有开创性的跨越时代的科学研究成果。

　　"新一代人工智能理论、技术及应用丛书"是一个开放的出版平台,将长期为我国人工智能的发展提供交流平台和出版服务。我们相信,这个正在朝着"两个一百年"奋斗目标奋力前进的英雄时代,必将是一个人才辈出百业繁荣的时代。

　　希望这套丛书的出版,能给我国一代又一代科技工作者不断为人工智能的发展做出引领性的积极贡献带来一些启迪和帮助。

李衍达

前　　言

　　石油勘探中产生了海量的物探数据。如何从这样海量的数据中有效判定地下的地形结构，寻找对应油气藏，是一项极具挑战的工作。作者和中国石油公司合作近十年，在基于人工智能技术的石油勘探应用领域积累了丰富的经验。回首这十年的项目经历，深感没有一本好的参考书籍，导致项目组成员研究时走过不少弯路。有鉴于此，为了帮助更多石油勘探工作相关人员更好地了解人工智能技术的原理与应用，作者整理了近十年项目开发中有关的应用内容，遂成此书。希望本书能为石油勘探领域的研究者与人工智能技术研究者提供新的研究思路，加速人工智能理论与石油勘探工程应用的融合。

　　本书为了兼顾石油勘探工作人员和算法研究人员，从石油勘探和人工智能算法两个维度进行阐述，力求让石油勘探人员了解不同类型人工智能算法所适用的勘探问题，并从算法原理和实现方式进行必要的解释和说明，阐明解决方案的选择和依据，及其对石油勘探的意义。

　　本书聚焦于地震相分类、油藏属性预测和井间连通性三个石油勘探领域中的核心问题进行探讨。其中，地震相分类主要是根据地震剖面图，划分不同的地震相；油藏属性预测是根据地震属性数据，预测地质结构，判定油气藏的位置；井间连通性是根据地震数据和生产数据预测不同井之间的连通性强弱。针对上述三个石油勘探问题，本书用到了特征抽取、特征选择、聚类、分类、回归、时间序列和神经网络等不同类型的人工智能算法，分别将其归类为特征工程、无监督学习算法、有监督学习算法和时间序列算法进行阐述。

　　石油勘探数据具有高保密性和无标签性，为了更好地进行研究和交流，本书搜集了两个公共石油勘探数据集：F3 和 Volve。F3 数据集包含了 6 类有标签地震相数据以用于地震相分类研究，Volve 包含了完整的地震数据和生产数据以用于井间连通性研究。此外，本书使用 Marmousi2 模型生成了模拟的油藏属性数据，用于油藏属性预测研究。读者可以在本书找到这些数据集的来源和链接。

　　本书对人工智能在石油勘探领域的应用进行了深入的研究和探讨。其中，郑晓东负责第 1、2 章，研究石油勘探领域的历史和现状，并说明数据采集过程和意义；吴清强负责第 3～5 章特征工程、机器学习及相关算法的研究；刘昆宏负责第 6～8 章深度学习算法的应用研究以及 SeisAI 平台的开发。三位作者使本书从理论到实践都得到了全面的考量，为石油勘探领域的人工智能应用提供了有力的支持和指导。感谢中国石油公司的帮助,在此谨表示深切的谢意。还要感谢矫丽瑶、叶西蒙、樊越、杨延鑫、梁浩然、陈锦昌、詹旺平和余宁在资料收集与整理及部分内容撰写与实验等方面的工作;感谢丁已航、龚智锐、付嫣然、邓雪阳在内容校对与格式统一方面的工作。

　　为便于阅读,本书提供部分彩图的电子版文件,读者可自行扫描前言的二维码查阅。

　　由于作者水平有限,书中难免存在不妥之处,恳请读者批评指正。

作　者

2023 年 10 月

部分彩图二维码

目　录

第1章　物探领域发展现状

石油勘探离不开地球物理领域的发展，地球物理勘探技术是石油勘探的基础。本章将从地球物理探勘的角度解读与分析石油勘探的发展现状。

1.1　物探技术简介

地球物理勘探，简称物探，是以地球物理场作为研究对象，通过各种技术手段研究、观测地层物理属性等数据，用以探求和预测地下岩层性质、地质构造等地理条件。油气地球物理勘探是物探技术的一个分支，作为油气勘探的一种技术和方法而被广泛应用。总地来说，油气勘探就是在确定开采油气的区域利用多种技术与设备进行勘探，获取需要的数据，提高开采的安全性及效率的科学[1]。油气地球物理勘探是在基础油气勘探的基础上使用地球物理的原理和方法开展工作的一种技术，也是同经济建设和社会发展密切相关的应用学科。它运用物理学原理、方法和观测技术，以地球为主要调查研究的对象，通过大范围、多参量、高精度探测的多学科综合研究，涵盖了地质学、地球物理学、地球化学等学科知识。由于广泛地吸收地球科学、物理学、数学、电子技术和精密仪器制造工业等领域的新成果，尤其是信息技术的快速发展，物探技术发展日新月异，应用范围不断扩大，解决问题能力和工作效率不断提高。

另外，当代几乎所有陆域或海域石油、天然气田的发现，以及许多铁矿、铀矿、有色金属矿、煤田及某些非金属矿的发现，物探都起到了不可代替的作用。进一步，重大地下水源地勘察、工程地质勘察、地质灾害因素剖析和预测，以及一些重要的基础地质研究中，物探技术都发挥着重要作用。

油气物探行业的应用十分广泛，其中主要包含以下三种应用场景：①以地下岩土的电阻率、电磁场、极化率及介电常数等物理场为基础，借助物探仪器测量上述物理场的天然或人工区域，空间与时间的变化规律，结合已知地质资料通过分析和研究，推断出地下一定深度范围内，地质体的分布特性。主要是电法勘探，可以分为直流电法和电磁波法。②利用人工或天然激发的地震波、声波、在岩土层中传播产生的发射、折射及瑞雷波变频测深的特性，以研究地下地质体的几何形态及岩土体的物理力学参数，或进行地质勘探。主要是弹性波法，分为地震勘探、超声波法、场地波速测试和地动脉测试。③在地下井巷工程中开展多种物探技术，以解决矿井生产过程中所遇到的地质问题，即为井下物探，主要有电测井、放射性测井、水文测井、单孔声波探测、跨孔声波探测、声波及超声成像测井、孔间电磁波透射法、孔间地震波透射和转孔技术测量。

近年来，油气勘探领域地球物理技术的不断完善和地震沉积学、地震储层学及岩石物理学等理论依据的健全为构建及应用地球物理技术体系打下了坚实基础[2]。这些学科的发展为油气物探领域贡献了高质量的地震资料和测井资料，基于这些资料数据的进一步研究结果为探究各种地理条件提供了可能和依据。

1.2 发展历史

大约在20世纪30年代初，地球物理勘探从国外传入我国，学者开始研究物探技术。1930年，地质学家李四光撰写《扭转天平之理论》，详细介绍当时颇受国外重视的物探方法之一"扭称测量"的基本原理，是国内最早介绍物探方法的文献。

物探技术从20世纪30年代开始在我国发展，这一现象的出现不是偶然的，而是许多方面因素结合的结果。第一个重要因素是国际形势的变化。第一次世界大战后，现代工业在一些国家迅速发展，石油、天然气的用途日益广泛，铁和其他金属的需求量不断增加，物探对资源勘查的独特作用逐渐受到重视，方法技术不断有所改进和发展。第二是源于我国经济与科技发展需求。地质调查机构，部分教育、科研机构和矿业主管部门，都有地质学家、物理学家对物探这一新兴边缘学科的前景有所认识，从各自的业务需求出发推进物探方法的尝试使用。第三是从国外学习应用地球物理学归来的学者及其合作者，对在我国传播、实验这一先进技术做出的不懈努力，发挥了开拓者的作用。

然而，由于受到政治、经济、社会等种种因素的制约，在20世纪30年代，物探的实际工作量很小，完成的实例少，积累的科学资料不多，处于新技术的初步移植时期。但是，前辈科学家的倡导和开拓精神，是永远值得纪念和称颂的，他们的创始性工作对以后的影响不容低估。

中华人民共和国成立以后，我国地质工作和地球科学研究的发展环境有了巨大的变化。国际上，地球科学经历了重大的技术革命。在国内，随着社会主义事业的迈进，地质工作蓬勃发展，基础地质、矿产地质、环境地质等方面成果辉煌，地质工作在国民经济中牢牢树立了基础和先行地位。

纵观历史，将地球物理原理和仪器用于油气勘探和地质调查，是第一次世界大战以后，随着技术进步和经济发展的需要而逐步发展起来的。从20世纪30年代开始，迄今已经有 90 余年的历史，我国物探事业从无到有、从小到大、克服困难、不断发展，现已成为世界上的地球物理勘探大国。这一发展历程包含着许多值得总结的经验和教训。进入 21 世纪后，我们国家的物探技术又有了长足的发展。

总地来说，这 90 年的发展历程，可以大致分为 5 个阶段：初创阶段(1949 年以前)、大发展阶段(1949~1961 年)、调整提高阶段(1962~1978 年)、全面发展阶段(1979~1990 年)、改革发展阶段(1991~2022 年)。

在初创阶段，也就是 1949 年以前，我国物探力量十分薄弱，外部环境也非常艰难。但是，一些从事物理学和地质学的科研和生产工作者，尤其是刚从海外学成归来的地球物理专业人士，预见到中国物探的发展前景，在极其艰苦的条件下，克服了资金短缺、设备简陋、工区条件恶劣等诸多困难，亲临野外勘察，取得了具有历史意义的首批物探成果。他们创建学会、发行刊物，并且写出多份报告和论文。这批物探界的老前辈，虽然人数不多，却在物探领域坚持了很长时间，如李善邦、顾功叙、翁文波、傅承义、秦馨菱等。他们所从事的开创性工作，为我国的物探事业起到了奠基的作用，尤其是顾功叙、翁文波、傅承义，被公认为我国物探事业的主要创始人。

在 20 世纪 50 年代之后，这项技术进入了快速发展阶段，极大地调动了全国人民，包括广大知识分子投身国家建设的热情。几位曾在原"中央研究院"、原地质调查所、高等学府以及矿业部门的地球物理工作者立即行动起来，克服重重困难，投身到组建物探队伍和培训物探技术人员的工作中。例如，1949 年 5 月，原中国石油公司翁文波等人恢复了原有的重力队，在苏南太湖地区开展工作。随后又奔赴陕北延长、延安一带工作。同年十月，东北工业部在长春的东北地质调查所成立了物探室。中国科学院地球物理所顾功叙等人在北京官厅水库及石景山地区，进行了坝址勘察和电法找水工作。此外，在新疆独山子的中苏石油股份公司地质调查处也组建了重力队、磁法队和电法队，在准格尔盆地南缘进行了石油勘探工作。1958 年前后，大部分物探队伍的领导关系从由中央各部直接领导变为由各省、自治区、直辖市领导。在此期间，一方面是物探工作在国民经济建设中取得了突出的成绩，物探科研与仪器设计制造的能力取得了明显的进步。另一方面，在当时的社会环境下，我国物探队伍规模过度膨胀，素质下降，出现了片面追求数量、忽视工作质量等一系列问题，直接导致以后的精简队伍和整顿管理等大量繁重而复杂的工作。

之后的调整提高阶段，是我国发展历史中极不寻常的一个时期。就物探事业而言，经历大发展阶段之后，通过调整，物探事业得到巩固和发展；之后又克服种种困难，物探事业逐步走向成熟。各部门通过典型试验和经验总结，充分运用地质、物探、化探、探矿、探油工程各自的特色和优势，合理组合，协调运作，使勘查工作的效益有明显的提高。同时，石油物探在我国东部油气工作连续突破中作出了重大贡献。

　　进入全面发展阶段，物探作为地质工作中的高新技术得到了重视和加强。国家实行的对外开放政策，进一步加快了我国物探事业现代化的步伐。石油、海洋和地质部门是我国实行对外开放政策比较早的部门，其中物探新技术引进和物探对外技术合作也走在全国前列。从 1978 年起，我国与加拿大、法国、德国、美国、日本等国的物探团队建立了友好往来关系。在"引进、消化、吸收、创新"方针指引下，通过积极的对外技术交流与合作，我国物探仪器装备水平有了明显的提高。20 世纪 80 年代实现了以地震勘探数字化为代表的主要物探仪器的数字化，开始了各种物探资料处理的计算机化。这标志着我国物探事业跨入了现代化新阶段。我国物探工作的规模、水平和取得的成果都达到了历史新高峰。

　　21 世纪以来，尤其是最近十年，我国物探领域发生了翻天覆地的变化，技术发展日新月异，计算机的发展和普及起到了重要作用。随着计算机软硬件技术的日益完善，一些人工智能、数据挖掘、模式识别等算法和技术逐步应用到物探领域，为物探技术在数字化的发展提供了强大动力。尤其是物探仪器在数字化的基础上，进一步向智能化、信息化发展。大多数仪器实现了在计算机控制下的程序化、自动化操作。网络化、数据库技术、地理信息系统的应用和计算机成像技术的进步，使物探资料的处理、解释和成果显示方式发生了质的变化。业内涌现了一系列高性能的软件系统和各具特色的专家系统，融入了现代信息技术新成就的物探技术体系正在快速完善和提高，我国物探技术体系取得了质的飞跃。

1.3　研究现状

　　在介绍了地球物理勘探的相关知识和发展历史后，本节进一步介绍物探的研究现状和未来展望。

　　1) 常规物探研究技术

　　随着油气勘探开发领域不断延伸和技术需求不断提高，未来物探技术发展的总体趋势是高密度三维采集、大数据处理解释及重磁电震综合研究，包括百万道地震数据采集系统、超高密度数据采集与处理技术、波动方程研究、全波形反演，以及浅水、陆上、深层 CSEM 和三维井眼地震、地震数据与其他数据综合解释、开发自动地震搜索引擎等技术[3]。进一步，按照地质岩性来分，还包括复杂高陡构造带物探技术、碳酸盐岩物探技术、富油凹陷岩性地层油气勘探技术、深层碎屑岩物探技术、深层火山岩物探技术、低渗透地层岩性物探技术、深层深海物探技术以及非常规油气物探技术等。

2) 应对特定情况的物探研究技术

应对特定情况的物探研究技术，能够对小断层发育、薄油气层分布及油气层空间重叠等情况进行深入探索，从而保证了剩余油分布预测和井位调整的精准性。例如，密集井网区地震资料的精细处理技术，在油气物探地震资料的处理上，需要根据地质条件、地质任务及沉积体系的不同情况，自定义可以处理各种情况的方案[2]。层控处理技术的应用在一定程度上抵消了由地质地震条件所引起的振幅和频率，这种方法适合于传统油田工业区、地面区和高密度井网区等区域，对于由非地质条件对地震资料的收集、处理和理解方面的误差有较好的消歧作用，能够收集到更为精确、普及的地震资料，还能得到三维各向异性叠前时间偏移剖面，这是一种解释断层的有力手段[2]。同时，小断层识别与评价技术也是解决上述问题的一个方向，通过高效开展小断层识别与评价工作，采集联合钻井、测井等动态资料，可使油气藏结构形态更加全面与直观地展现在研究人员面前，大大提升了断层组合的合理性。除此之外，被经常应用的还有薄储层解释技术，这种技术依靠波阻抗反演过程中归纳得到的地层旋回级在空间方面的演变规则，在利用地震数据、地质统计数据和多井约束模型的同时，应用随机模拟的技术，确保建立得到的模型体系会更加完善，更容易解释薄储层。

3) 目前仍存在的问题

虽然油气物探技术已经日趋完善，但是仍存在以下问题，如深层复杂构造成像问题："弱信号+强干扰"导致的地震资料低信噪比问题、速度横向剧烈变化引起的地震资料成像不准确问题；深层复杂储层预测问题：各种采集处理因素导致的地震资料不保幅问题、深埋及高频吸收带来的地震资料低分辨率问题、复杂油藏环境引起的综合评价问题[4]。此外，研究区域本身地质构造带来的分析难度，如开采地形复杂、油气开采地势高、开采内部结构多样等问题也会在一定程度上影响着油气物探结果的合理性和准确性。

4) 未来技术展望

深入探究油气物探技术不仅可以促进地球物理技术的发展和进步，同样也有利于相关研究人员结合当前油气物探开发领域的需求，用更科学的眼光规划、分析及应用地球物理技术，使其在油气资源开采中发挥出更加积极的作用。

目前研究趋势包括以下几个技术方向：地震资料采集技术、宽方位地震资料处理技术、宽频带地震数据资料技术、地震演示物理定量技术、地质目标多数据处理解释技术和海量资料处理解释技术[2]。

1.4 相关研究机构介绍

油气物探领域主要包括以下研究机构：中国石油勘探开发研究院、中国地质科学院地球物理地球化学勘查研究所、中国石化石油物探技术研究院、中海石油(中国)有限公司北京研究中心、壳牌公司、道达尔公司、英国石油公司、雪佛龙公司。这些机构的基本情况如下所述。

中国石油勘探开发研究院(RIPED)是中国石油面向全球石油天然气勘探开发的综合性研究机构，主要肩负全球油气业务发展战略规划研究、油气勘探重大应用基础理论与技术研发、全球油气业务技术支持与生产技术服务、高层次科技人才培养等职责，综合科研实力在国内石油上游研究领域处于领先地位。研究院包括北京院区、廊坊分院、西北分院、杭州地质研究院四家单位，业务领域涵盖油气勘探、油气开发、采油工程、海外业务、信息化与标准化、技术培训与研究生教育等方面。研究院人才实力雄厚，拥有技术人员近2000人，包括7名院士、70余名中国石油集团公司高级技术专家，具有研究生以上学历人员占51%。科研条件完善，拥有多个国家级重点实验室，以及公司级实验平台和众多先进仪器设备，存有丰富的科技文献和勘探开发数据资料，配有先进计算机软硬件资源及强大信息网络系统。在新的历史时期里，研究院以保障国家能源安全为己任，以引领中国石油科技发展为追求，大力实施"科技立院""人才强院""文化兴院""和谐稳院"战略，持续推进"业务全球化""人才国际化""全院一体化""管理科学化"建设，努力增强组织活力，不断提升创新能力，服务公司发展战略，支撑油田业务发展，引领中国油气科技进步，努力建设世界一流的综合性国际能源公司勘探开发研究院。

中国地质科学院地球物理地球化学勘查研究所(简称物化探所，英文简称IGGE)，原名地质矿产部地球物理地球化学勘查研究所，1957年2月创建于北京，1969年从北京迁至陕西蓝田，1980年由陕西蓝田迁至河北省廊坊市，院区占地面积150亩[①]。物化探所坚持面向国家重大需求、面向地质科技前沿和国民经济主战场开展地调科研工作，是中国地质调查局直属事业单位，属国家社会公益类科研机构，是国家科技创新体系的组成部分。主要开展勘查地球物理、勘查地球化学基础理论与应用研究及相关调查评价工作，为国家地质调查提供勘查地球物理、勘查地球化学理论支撑和技术服务，是我国现代地质勘查行业物探和化探两大学科的科研创新基地，相关应用基础理论和新方法新技术研究开发、成果

---

① 1亩≈666.67m²。

转化的辐射源。物化探所具有地球物理勘查、地球化学勘查、地质实验测试(岩矿测试)等甲级地勘资质,于 1998 年通过 ISO 9001 质量体系认证并保持至今,建立了完整的质量保证体系。拥有各类先进的物化探方法技术,具备承担水(海)、陆、空物化探科学研究和地质调查的工作能力,可以开展资源能源勘查、水文环境与工程地质勘查、地热资源勘查、地球化学标准物质研制及化探样品分析,以及与上述内容相关的新方法、新技术、新仪器设备的研制、开发和应用。主要研究方向包括弹性波场探测、电(磁)场精细快速探测、位场探测、地下物探、多元信息集成与可视化、深穿透地球化学与地球化学块体理论与方法、生态环境地球化学与多目标多尺度地球化学填图、应用基础地球化学与分析测试、油气及天然气水合物勘查物化探方法技术等。

中国石化石油物探技术研究院(以下简称物探院)成立于 2009 年 11 月 28 日,位于江苏省南京市江宁区,是中国石化从事油气地球物理技术研发的直属专业研究机构,主要面向总部、油公司、海外及工程公司提供物探技术支撑和服务,定位于中国石化石油物探技术发展参谋部、物探高新技术和核心技术研发中心、物探专业软件研发及推广中心和重大物探工程技术支持中心。主要职责任务是承担国家及中国石化石油地球物理勘探方面的基础性、前瞻性和重大项目攻关与核心技术研发,自主知识产权物探专业软件开发及产品推广,新技术应用试验,并向油田企业和总部提供全方位的物探技术支持与服务,为中国石化物探技术的可持续发展提供支撑。该物探院以原中国石化石油勘探开发研究院南京石油物探研究所为基础组建成立。原南京石油物探研究所是基于 20 世纪 50 年代起在华北平原和华东地区开展全国油气大普查的原地质部石油地球物理勘探技术队伍,于 1977 年创建成立国家地质总局石油物探研究大队,1983 年更名为地质矿产部石油物探研究所,1997 年建制更名为中国新星石油公司石油物探研究所,2000 年建制更名为中国石化石油勘探开发研究院南京石油物探研究所,2009 年 11 月 28 日组建成立中国石油化工股份有限公司石油物探技术研究院。按照“一部三中心”的定位,物探院一方面从事物探标准、技术发展规划、情报调研、圈闭评价、采集设计等研究工作,为总部和企业发挥参谋部作用。另外,主要围绕物探工作全部业务:采集、处理、解释等,开展从基础理论、实验,到方法技术,再到软件研发的核心技术和软件产品研究,为企业提供地震采集设计、地震资料处理、储层预测综合研究、油藏地球物理研究等技术支撑与服务。工作包含了除地震野外采集施工和仪器制造之外的所有物探业务。

中海油研究总院即中海石油(中国)有限公司北京研究中心(以下统称为中海油研究总院,原中海石油研究中心),是中国海洋石油总公司和中国海洋石油有限公司的技术参谋部、战略规划部、科技人才培养中心,是支撑总公司可持续发展的技术提供者。作为中国海油所属最大的综合性大型科研机构,中海油研究总院业务范围涵盖海上油气勘探研究，海外勘探、开发、工程目标评价与新项目识别，海上油气田总体开发方案设计，海上油气田工程基本设计和新能源研发；同时承担 863 项目、973 项目、国家自然科学基金项目、国家重大专项和中国海油科技攻关等重大研究任务。中海油研究总院共有 12 个院、中心、部门，拥有员工近 1000 人，每年承担近 300 项科研生产任务。近年来，有多项科研成果获得国家及总公司级科技进步奖，获得国家授权专利和软件著作权百余项。经过多年的发展，中海油研究总院已经形成了海洋油气勘探地质综合评价研究、油藏工程研究、油气田开发工程设计和钻采工程研究等领域完整的学科体系，拥有工程设计、工程咨询、环境评价、安全评价、压力管道设计等多项资质，以及大规模并行计算机等先进的计算设备和盆地模拟、目标评价、地震资料处理及解释、测井和试井分析、油藏数值模拟、油藏工程评价、工艺计算、结构分析、经济评价、安全评价和环境评价等多种类型的先进专业软件，建立了深水工程、提高采收率、地球物理、边际油田开发四个国家及总公司级重点实验室和一个博士后科研工作站。

　　壳牌公司(Shell)是相关物探行业前沿的研究型公司。壳牌是一家综合性能源企业，致力于以经济实惠且对环境和社会负责任的方式，满足全世界对能源日益增加的需求。壳牌所有核心业务，包括上游业务、下游业务以及项目与技术业务，都在中国得到长足发展。其与中国主要的国有石油公司：中国石油、中国石化、中国海油以及延长集团，都建立起了双赢的合作伙伴关系，其中包括与中国石油和中国海油之间的全球战略合作伙伴关系。具体来说，壳牌应用所开发的先进技术，在偏远和困难的地点开发非常规天然气。壳牌正在与中国石油合作，在陕西省探索开发长北气田，为北京及其周围地区提供天然气。关于物探研究，壳牌还使用这些技术在生产过程中持续监控油气田。通过地震传感器提供有关油田压力、温度和流体的恒定数据流，可以调整产量以满足不断变化的条件并确保油田完整性，从储层中提取更多能源，同时也识别出可能被忽略的石油或天然气资源。壳牌正在开发可检测以前不可见的油藏的新技术。这些储层的深度可能超过3000m，或者藏在海床下方深厚的盐层之下，或者陷于地质断层中，岩石被折叠成复杂的结构。高质量的储层图像对于团队决定在何处勘探或生产石油和天然气至关重要。业界的主要挑战是如何在最短的时间内更经济地获得最佳图像。为了找到油气资源，壳牌使用了一系列地球物理成像技术。地震反射成像仍然是油气勘探中使用最广泛的地球物理技术。首先，当波穿过或反弹到地下深处的岩石和沉积物时，使用先进的传感器捕获回波。在广阔的区域中放置了许多传感器，以记录不同角度的波，从而在调查站点的表面下方提供最佳图像。其次，在高性能计算机上使用高性能算法来处理收集到的大量地震数据，以生成正在调查的地点的准确地质图。最后，使用 GEOSIGNS 可视化软件将数据转换为图像，科学家们可以快速、有效地对其进行分析和解释。可视化和解释数十亿个信号的能力是该公司在石油和天然气勘探领域取得最大成功的基石。

道达尔(Total)是世界第四大石油及天然气一体化上市公司,业务遍及全球130多个国家,涵盖整个石油天然气产业链,包括上游业务(石油和天然气勘探、开发与生产,以及液化天然气)和下游业务(炼油与销售,原油及成品油的贸易与运输)。20世纪80年代初,道达尔正式进入中国油气勘探开发领域,并成为首家在中国开展海上油气勘探业务的国际能源公司。此后四十多年来,道达尔与中国伙伴精诚合作,持续扩大在中国油气勘探与生产领域的布局。其中海上领域涉及北部湾、渤海湾、黄海和南海;陆上领域相继进入塔里木盆地和鄂尔多斯盆地。近年来,道达尔一直密切关注能源行业的未来趋势,在人工智能及大数据等领域中积极布局,并取得了一定的成果。2019年4月,道达尔与谷歌云合作,联合发展人工智能技术,旨在为石油天然气的勘探开发提供全新智能解决方案。此外,道达尔还与印度塔塔咨询服务有限公司(TCS)合作,建立数字创新中心,共同开发颠覆性技术和创新解决方案。

英国石油公司(British Petroleum)是世界最大私营石油公司之一,也是世界前十大私营企业集团之一。英国石油公司由前英国石油、阿莫科、阿科和嘉实多等公司整合重组形成,是世界上最大的石油和石化集团公司之一。公司的主要业务是油气勘探开发、炼油、天然气销售和发电、油品零售和运输以及石油化工产品生产和销售。英国石油公司在地震勘探技术上也有长足的进展,在阿拉斯加北部的普拉德霍湾使用一种“三维地震”勘探技术寻找尚未开发的石油。这种三维地震勘探技术会采集地下地层反射回地面的地震波信息,然后经过电子计算机处理将这一数据转换得出多张地震剖面图和一个三维空间上的数据体,其描绘了地下岩层界面的具体情况,有助于寻找地下石油。

雪佛龙公司(Chevron Corporation)是世界最大的能源公司之一,总部位于美国加利福尼亚州圣拉蒙市,在全球超过180个国家开展业务。其业务范围渗透石油及天然气工业的各个方面:探测、生产、提炼、营销、运输、石化、发电等。雪佛龙公司依靠地下图像来选择钻探地点,以将相关的风险降到最低。通过在700多个使用双 AMD Opteron 处理器的 IBM 集群节点上运行自己的深度成像技术,雪佛龙公司成功地提高了数据运算速度,在缩短处理时间和提高效率的同时,降低了运行成本。

1.5　物理方法相关技术介绍

本节主要从技术角度对油气物探领域进行介绍与分析,主要的技术包含:数据采集技术、预处理技术和可视化技术等。

　　在石油勘探过程中，数据采集系统要求采样数据可以实时回传，并且对收发器也有一定的要求，传输速率一般为每秒几兆比特，而传输距离一般为几米到上百米不等。现阶段，一般使用三种传输方式：100Base-Tx 传输方式、RS-485 传输方式和 LVDS 传输方式。三种方式在传输速率和传输距离上都可以满足石油物理勘探设备系统的传输需求，其中 100Base-TX 和 RS-485 的功耗较高，无法实现较低功耗的采集，而 LVDS 功耗虽然较低，但如果要实现双向通信则需要两对 LVDS 收发器，传输功耗也有所提高。

　　在预处理阶段，主要是对采集到的数据进行空值处理、野值处理、标准化和归一化处理。其中，对于空值可以删除或填充，其中填充方法又有固定值填充、平均值填充、同类平均值填充、近似代替、插值等多种方法，后面的章节会详细介绍。对于异常值则可以应用基于统计模型的方法、基于距离的方法、基于偏离的方法、基于密度的方法。标准化则一般采用标准差标准化，又称为 Z 分数(Z-Score)标准化，可以将数据中每个特征变量减去其均值再除以标准差得到。而归一化处理则一般采用离差标准化，即 Min-Max 归一化，是对原数据的线性变换，变换后数据映射到[0,1]。

　　可视化技术一般包含：3D 可视化技术、深度域成像技术。3D 可视化技术把描述地下岩层物性特点的数据转化为直观的图像、图形，以方便人们观察到不可观察的结构，并运用颜色、透视、动画等实时改变的表现形式观察岩石内部结构，这些方法包括以图形为基础和以可视体为基础的可视化。在以体可视化为基础的勘探过程中，每一个采集到的采样数据都会被转化为一个 3D 像素大小的面元间隔。体可视化允许解释人员直接对地层岩石解释，分辨出地震相、改进油藏特征描述。这项技术通过数据的立体化显示，能够使工作人员在岩石的构造、地层的岩性等方面进行交互解释，对于解释后的结果会在立体空间里显示，极大地提高了解释的质量，并对解释后资料的完善起到了促进作用。

　　在国外，深度域成像技术发展迅猛。在基础方法理论研究上，美国的一批科学家在共方位角波动方程深度偏移成像等技术取得了较大的进展。在我国，以同济大学为代表的一批科学家在广义深度偏移成像技术上的研究成果已经与国外先进水平对等。随着国内外深度成像技术的快速发展，各大物理勘探服务公司也正在有计划地实施着深度域成像技术的产品化。各个产品在实施的过程中又出现了很多改进方法，例如，最初使用加叠后偏移的方法解决成像技术上速度依赖倾角的技术难题，但是现实中速度的求取与技术的应用存在着一定偏差，因此加叠后偏移的方法在实际应用上存在成像位置不准确的弊端，严重情况下会出现虚假构造。通过改良方法，用叠前深度偏移成像可以解决水平叠加速度不准确引起的问题，使成像的精确度大大提高。虽然叠前深度偏移也受着外部计算机技术发展环境的限制，但是在现代信息化革命的大背景下，这个限制正慢慢减弱。

1.6　结合人工智能领域的物探技术

　　物探技术十分关键的一个步骤是对勘探得到的数据资料分析和理解。近些年来人工智能领域的飞速发展，在物探资料分析方面也取得了极大的进展。如应用分类算法对地震资料可以进行有监督分类、无监督分类和半监督分类。大量人工智能算法被应用到处理分析的步骤，如支持向量机算法、贝叶斯算法、随机森林算法、谱聚类、密度聚类算法等。这些算法的跨领域应用极大提高了地震资料的处理速度和准确性，为研究人员进一步理解分析地质构造提供了可能。

　　此外，数据挖掘也是本书要介绍的主要方法，通过数据分析，从大量数据中寻找其规律，主要有数据准备、规律寻找和规律表示三个步骤。数据准备是从相关的地震资料中选取所需的数据，并整合成用于数据挖掘的数据集；规律寻找是用某种方法挖掘出数据集中所蕴含的规律；规律表示是尽可能以石油勘探研究员可以理解的方式将其中的规律进行表示。涉及的方法主要包括神经网络法、决策树法、遗传算法、粗糙集法、模糊集法、关联规则法等。数据挖掘与油气物探领域的结合，是该领域数字化更深层的体现。

1.7　本 章 小 结

　　本章主要对我国以及世界物探领域的基础概念、相关发展、现存技术、应用实例和行业等内容进行了介绍。可以说，物探技术从无到有、从小到大凝聚着好几代人的汗水与努力，是无数先贤前辈的知识结晶。回顾历史，展望发展，更好地理解相关历史发展、相关行业机构、相关技术原理，尤其是结合到其他领域，如机器学习、信号处理等领域专业知识，可以让物探资料的处理和解释更有科学性和普遍性。不仅如此，对行业技术改进、行业难点问题逐步攻克，也是新时代下物探领域的扩展与延伸。油气物探技术是研究地球物理的一项重要技术，可以推动地球物理研究员更科学、更有倾向性地研究地层物理属性，同时结合研究地域的物探结果，有助于油气资源的开发和利用。

第2章　石油勘探数据简介与应用分析

本章主要介绍石油勘探过程得到的勘探数据，进而分析相关数据特点，同时也介绍本书的数据来源。

2.1　数　据　类　型

石油物探技术的主要研究对象就是研究区域的地质属性，而这些地质条件往往通过数据采集的方式呈现在研究人员面前。作为该领域研究不可或缺的先决条件，研究人员对于原始数据的理解与熟悉是至关重要的。

本章主要针对实际石油勘探中产生的石油勘探数据、测井数据和生产数据进行介绍和描述，以便读者对于数据处理技术处理层面有更深入的理解。

2.1.1　石油勘探数据

石油勘探就是利用人工方法激发地震波引起地壳振动的方法，如利用炸药爆炸产生人工地震波，再用比较精密的检测仪器，如检波器记录下爆炸之后地面上各点的震动情况。利用记录下来的资料，来探查地面之下地层的构造。例如，当一艘船刚刚从码头启动的时候，在平静的水面上会激起层层水波，向着各个方向传播出去。当水波碰到岸边的时候又会被反射回来，发生波的反射现象。在进行石油勘探时，所运用的原理与此类似。工作人员一般会在地面上打一口井，其容量大约可以放得下半个人的身体，再在其中安放装置进行放炮作业，爆炸所产生的地震波就会向地下各个方向传播出去。当地震波遇到地层的分界面时，由于不同的岩性特征，就会有一部分地震波发生反射，而另一部分地震波将继续向下传播，碰到其他地层界面后将连续产生反射和透射。此时，在地面上的地震检波器会接收地下岩层反射回来的地震波，进行收集与处理。通过记录地震波从被激发到再次被接收经历的时间，再分别考察地震波在各种地层中的传播速度，就可以得到地层分界面的深度。石油勘探原理示意图如图2-1所示。

石油勘探就是利用人工方法所激发出的弹性波，来定位矿藏(包括石油、天然气、矿石水、地热资源等)、确定打井位置、获得工程地质信息。石油勘探所获得的资料，与其他的地球物理勘探资料、钻井资料与地质资料，以及其他相关资料联合使用，并利用相应的物理与地质概念，就能够得到有关构造及岩石类型

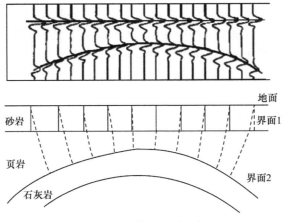

图 2-1 石油勘探原理示意图

分布的信息，利用记录下来的资料，推断出地下地质构造的特点。

石油勘探数据处理在很大程度上受野外采集参数的影响。共中心点(common middle point，CMP)记录是最广泛使用的石油勘探数据采集技术，给石油勘探工作提供冗余度(以覆盖次数衡量)，来提高信号的质量。覆盖次数是使最终剖面的信号水平产生最大不同的原因。

地表条件对野外数据采集质量也会起很大作用，环境、人口因素、气候条件以及记录仪器条件对野外数据质量有一定的影响，甚至同一个人在相同条件下测量出的数据也会存在很大的不同。石油勘探数据采集往往不是在理想条件下进行的，所以只能在处理时通过技术手段压制噪声，并将信号增强到数据采集质量所允许的范围。

本书主要研究的石油勘探数据类型为 SEG-Y 格式。SEG-Y 是由国际勘探地球物理学家学会(Society of Exploration Geophysicists，SEG)提出的标准磁带数据格式之一，是地震资料以地震道为单位进行组织的格式，是石油勘探行业记录数据应用最为普遍的格式之一。

标准 SEG-Y 文件通常包含三个部分。第一部分是 SEG-YEBCDIC 文件头，大小为 3200 字节，由 40 行组成，每行 80 个字符，主要储存描述地震数据体的信息。第二部分是二进制文件头，占 400 字节，主要存储描述 SEG-Y 文件的关键信息，包括 SEG-Y 文件的数据格式、采样点数、采样间隔、测量单位等地质勘探的石油勘探信息，所有的信息按照格式和固定位置存储在二进制文件头这一部分里。第三部分就是真实的地震道数据，每条地震道都包含着 240 字节的道头信息和地震道数据。道头信息中主要存储这一条地震道对应的线号、道号、采样点数、大地坐标等信息，但是这些关键参数存储的位置(如线号、道号)在道头中的位置并不是固定的。

　　其中值得注意的是，数据的浮点数存储类型分为 IEEE 型和 IBM 型。在二进制头文件中会明确给出单个文件中数据的存储形式。IEEE 和 IBM 的高字节在前、低字节在后，即 BigEndian，与 Windows 是低字节在前、高字节在后，即 LittleEndian 不同。读取文件时需要注意二者的区别，否则将因格式错误导致读取数据错误。

　　地震道数据是对地震信号的波形以 Δt 时间为间隔进行采样的结果，这一系列的离散振幅值以自定义的方式存储到 SEG-Y 文件中。地震数据格式可以分为：IBM 浮点型、IEEE 浮点型、整型、长整型等数据类型。但是，一个三维地震工区域中同一批次处理的地震数据格式都是一致的。地震道采样点数是由这一条地震道道头中采样点数所决定的。一般 SEG-Y 文件的每条地震道采样点数是一样的，但是也存在不同地震道的采样点数不同，通常这种存储格式的 SEG-Y 文件称为变道长格式的 SEG-Y 文件。两个头文件存储位置的具体含义如附录中的表 A-1 和表 A-2 所示。原始石油勘探数据一般不直接用于数据挖掘，数据挖掘主要用到地震剖面图和提取的地震属性。

　　目前地震属性分析技术发展迅速，在油气田开发中应用广泛，并起到越来越重要的作用。石油勘探解释人员的目标就是从石油勘探数据中获取更多的信息，并利用这些信息解释地下构造、地层、岩性和油气等特征，获得这些信息的一条途径就是有效提取地震属性。地震属性分析从石油勘探数据中挖掘隐藏在这些数据中有关岩性和储层物性的信息，从而加强石油勘探数据在油田开发领域的应用。

　　随着石油勘探技术的进步，地震属性在石油勘探与开发各个环节中发挥的作用逐渐彰显，其与地球物理和地质特征之间的关系越来越为人们所重视。目前地震属性分析技术已广泛应用于地震构造解释、地层分析、油藏特征描述以及油藏动态检测等各个领域，地震属性在油气勘探与开发中也发挥着越来越大的作用。

　　地震属性到现在还没有统一的定义，引用较多的说法是，"地震属性是地震资料的几何学、运动学、动力学及统计学特征的一种量度"。兰德马克公司对地震属性的定义是，"地震属性是一种描述和量化地震资料的特性，是原始地震资料中所包含全部信息的子集；地震属性的求取是对地震数据进行分解，每一个地震属性都是地震数据的一个子集"。该定义强调了地震属性的提取过程。

　　地震属性分类的目的是减少地震属性的冗余度、减少属性分析盲目性和提高属性预测计算效率。目前地震属性还没有建立一个公认、完整和统一的分类。比较流行的分类方法有以下几种。

　　(1) 我国学术界较为流行的分类方法是从运动学与动力学的角度，将地震属性分为振幅、频率、相位、能量、波形、相关、衰减和比率等几大类。一般来说，这些属性均具有明确的物理意义和地质意义，在实际生产中得到了广泛的应用。

　　(2) 按照属性拾取的方法可以分为剖面属性、时窗属性和体积属性三大类。

剖面属性主要是指由特殊处理得到的剖面(如三瞬剖面、波阻抗剖面等)上的整体属性。时窗属性也称为层位属性或基于同相轴的属性,他是从地震数据中提取一个与界面有关的小时窗范围内的统计特征属性,这是实际生产中应用得较多的一种属性提取方法。体积属性是从一个3D数据体中产生的一个完整的3D属性体,这类属性能提供每个道之间地震信号相似性和连续性的有利信息,如目前应用广泛的3D相干数据体。

(3) 从地震属性的基本定义出发,可以将地震属性分为几何属性和物理属性。几何属性通常与波形及地震层位的几何形态(如同相轴中断、连续性、协调性、曲率等)有关,主要用于地震地层学、层序地层学和构造解释。物理属性包括运动学和动力学属性(振幅、频率、相位、纵横波速度、波阻抗、吸收系数、衰减等),主要用于岩性及储层特征解释。

(4) 根据数据体来源不同将地震属性分为叠前属性与叠后属性。输入数据是共深度点(common depth point,CDP)道集或成像道集,有定向的(方位角)和偏移相关的信息,这种计算方式产生了巨大的数据体,因此在研究初始阶段并不实用。然而,数据中包括了大量与流体物质和断裂方向直接有关的信息,所有属性的振幅随偏移距的变化(amplitude variation with offset,AVO)、速度和方位角变化都包括在这一类属性中。叠加是一个消除偏移与方位角相关信息的平均化过程。输入数据可以是叠加或偏移后的 CDP。应该指出,时间偏移数据将保持其时间关系,因此,时间上的变化,例如频率,也将保持其物理尺度。对于时间偏移剖面,波数取代了频率(波数是一个产生速度和频率的函数)。在最初勘查阶段,叠后属性对于观测大量数据更具可管理性,因此可以在拓展研究中加入叠前属性。

(5) 基于储层特征的分类方法,这种分类方法根据地震属性对储层特征(如亮点与暗点、不整合圈闭、断块脊、含油气异常、薄储层、不连续性等)的预测或识别,将地震属性分为八类。该属性分类方法有利于人们根据所要研究的对象初选地震属性,以减少属性计算的盲目性和随机性。

地震属性的参数提取可分为两类:与地震反射波记录有关的参数称为地震波场参数;与地震波传播介质有关的参数称为地震介质参数,如吸收参数等。在地震记录上沿目的层段选取合适的时间窗,可从中提取出地震属性。

2.1.2 测井数据

测井技术,也称作地球物理测井,是利用岩层的电化学特性、导电特性、声学特性、放射性等地球物理特性测量地球物理参数的方法,属于应用地球物理方法之一。石油钻井时,在钻到设计井深的深度后必须进行测井,又称完井电测,以获得各种石油地质及工程技术资料,作为完井和开发油田的原始资料,这种测井习惯上称为裸眼测井。而在油井下完套管后所进行的第二系列测井,习惯上称为生产测井或开发测井。生产测井的发展大体经历了模拟测井、数字测井、数控测井、成像测井等四个阶段。

根据地质和地球物理条件，合理地选用综合测井方法，可以研究钻孔地质剖面、探测有用矿产、计算储量所必需的数据，如油层的有效厚度、孔隙度、含油气饱和度和渗透率等，以及研究钻孔技术情况。此外，井中磁测、井中激发激化、井中无线电波透视和重力测井等方法还可以发现和研究钻孔附近的盲矿体。测井方法在石油、煤、金属与非金属矿产及水文地质、工程地质的钻孔中，都得到了广泛的应用。特别在油气田、煤田及水文地质勘探工作中，已成为不可缺少的勘探方法之一。

应用测井方法可以减少钻井取心工作量，提高勘探速度，降低勘探成本。在油田有时把测井称为矿场地球物理勘探、油矿地球物理或地球物理测井。

测井作为勘探与开发油气田的重要技术，相关研究至今已有近 80 年的历史。随着科技进步，测井技术在油气勘探、开发和生产的全过程中发挥着更大的作用，为油气工业带来更高的经济效益。20 世纪 90 年代以来，测井技术的研究取得了重大进展[5]。按照传统的观点，测井技术在油气勘探与开发中，仅仅对油气层做些储层储集性能和含油气性能(孔隙度、渗透率、含油气饱和度和油水的可动性)定量或半定量的评价工作，已远远跟不上油气工业迅猛发展的需要。而当今测井工作中评价油气藏的理论、方法与技术都有了长足的发展，解决地质问题的领域也在逐步扩大。

测井曲线特征是指在测井时形成的曲线反映出不同岩性、层位特征，进而根据所得曲线判断出具体岩性、层位等。

1. 电阻率曲线

双侧向是探测不同径向深度电阻率的常见测井方法，通过该方法可以获得电阻率，进而形成电阻率曲线。通常情况下，裂缝的存在使双侧向出现差异。模拟实验表明，低角度裂缝的双侧向值呈负差异，而高角度裂缝的双侧向值呈正差异。双侧向幅度差不仅与裂缝的产状有关，而且与裂缝的张开度有关，因此在一些裂缝段也可能无差异。

2. 声波曲线

裂缝在声波曲线上的反映与井筒周围裂缝的产状及发育程度有关。声波曲线对高角度裂缝没有反映，而对低角度裂缝或网状裂缝，声波测井值将相应增大；当遇到大的水平裂缝或网状裂缝时，声波能量急剧衰减而产生"周波跳跃"现象。因此利用声波时差可以识别水平裂缝或网状裂缝，但不能用于识别垂直裂缝。声波曲线对裂缝的显示主要取决于裂缝的张开度、发育程度、充填物和流体的性质。

声波变密度测井对裂缝的探测是基于含流体裂缝面使声波波列发生畸变，出现波列的能量衰减、干扰和波列转换，形成声波幅度、相位和频率明显变化，出现 "人" 形、"V" 形和扰动的锯齿形，以及条带变浅等现象。横波和斯通利波衰减的突出，可指示斜交的裂缝。纵波幅度的衰减多见于高角度直裂缝；而横波幅度的衰减则多出现在低角度或水平裂缝。裂缝在声波时差曲线上反映井筒周围裂缝的产状及发育程度。

3. 自然电位曲线

1) 曲线特点

(1) 当地层、泥浆是均匀的，上下围岩岩性相同时，自然电位曲线对地层中心对称。

(2) 在地层顶底界面处，自然电位变化最大，当地层较厚(大于 4 倍井径，即 $h > 4d$)时，可用曲线半幅点确定地层界面。

(3) 测量的自然电位幅度为自然电流在井内产生的电压降，它永远小于自然电流回路总的电动势。

(4) 渗透性砂岩的自然电位，对泥岩基线而言，当地层水矿化度大于泥浆滤液矿化度时，自然电位显示为负异常；当地层水矿化度小于泥浆滤液矿化度时，显示为正异常；如果泥浆滤液的矿化度与地层水矿化度大致相等时，自然电位偏转幅度很小，曲线无显示异常。

2) 影响因素

(1) 地层厚度、半径的影响：当 $h > 4d$ 时，自然电位异常幅度近似等于静自然电位；当 $h < 4d$ 时，自然电位异常幅度小于静自然电位，厚度越小，差别越大，异常顶部变窄，底部变宽，不能用半幅点确定地层界面。

(2) 地层电阻率/泥浆电阻率比值增大(地层电阻率增大或泥浆电阻率减小)，自然电位幅度值降低，围岩电阻率增大，其幅值也减小。

(3) 泥浆侵入带的影响：泥浆侵入带的存在，相当于井径扩大，自然电位异常幅度值降低。

3) 校正方法

根据具体情况，认真分析影响自然电位异常幅度值变化的因素，采用相应的校正图版进行校正。

4. 微电极曲线

1) 曲线特点

在渗透性地层有幅度差，微电位值大于微梯度值。

2) 影响因素

(1) 测速。测速过大会使曲线尖峰变得平滑，以致不能反映地层的真实情况。

(2) 绝缘。微电极系或电缆绝缘不好会歪曲曲线形状。

(3) 绝缘板几何形状。电极系系数 K 与电极间的尺寸及极板的形状大小有关，而测井过程中极板经常与井壁摩擦，因此，测几口井后就应该进行 K 值的校验。

5. 感应测井曲线

1) 曲线特点

(1) 上下围岩相同，单一低电导率地层，当地层厚度大于 1.7m 时，曲线上可以看到过聚焦产生的局部极值；当厚度小于 1.7m 时，视电导率曲线呈现一尖峰。

(2) 上下围岩不同，单一低电导率地层，对于厚度大于 2m 的地层，地层中部的曲线呈倾斜状，地层中心对应于倾斜段的中点；对于厚度小于 2m 的地层，视电导率曲线偏向与地层电导率差别小的围岩一侧，这是在高低电导率地层；而在中间电导率地层的曲线，对于厚度大于 2m 的地层，呈比较清楚的台阶状。

2) 影响因素

感应测井的线圈虽然有纵向和径向的聚焦作用，可还是受到围岩、泥浆和侵入带的影响。

3) 校正方法

(1) 围岩校正。首先根据井径 d、泥浆电导率 σ_m 和围岩电导率选出响应的图版，然后根据从感应测井曲线上读出的视电导率 σ_a 和地层厚度 h(可配合其他测井曲线求出 h)，在图版纵横坐标上找出相应的点，通过此点曲线的模数，即为所求地层的电阻率。在制作图版时，已经考虑到传播效应的影响，因此利用选用图版进行厚度-围岩校正之后，就不需要进行传播效应的校正。

(2) 无限厚地层侵入影响校正。利用无限厚地层侵入影响校正图版，图版的参数为侵入带的直径 D，曲线模数为侵入带电阻率。图版的纵坐标为视电导率 σ_a，当 $\sigma_m > 100 \text{m}\Omega/\text{m}$ 时，用图版右边的曲线族，当 $\sigma_a < 100 \text{m}\Omega/\text{m}$ 时，用图版左边的曲线族。在进行侵入影响校正时，首先需根据其他测井资料，求出侵入带电导率 σ_i (或电阻率 R_i)及侵入带直径 D，再根据测井曲线求出 σ_a 及 h，由 σ_a 找出纵坐标，并基于纵坐标向右作水平线，与相应的 σ_i 曲线交点所对应的横坐标，即为所求地层的电导率 σ_t。

6. 中子测井曲线

1) 曲线特点

(1) 在砂泥岩剖面中，黏土(泥岩)的中子测井计数率最低，致密砂岩的中子测井计数率最高，粉砂岩、泥质砂岩、孔隙中充满液体的砂岩为中等数值。

(2) 气层的中子测井计数率是高值。

2) 影响因素

(1) 井径、泥浆和套管的影响。井径扩大使中子源周围的介质的含氢量大大增加，中子测井曲线幅度明显下降；当矿化度(含氯量)增高时，增强了泥浆对热中子的俘获作用，因此会使中子-热中子测井曲线幅度下降，而使中子伽马测井曲线幅度增高，在套管井中，曲线幅度下降。

(2) 侵入带的影响。由于泥浆侵入增大了侵入带的含氢量，使中子测井曲线幅度明显下降，对于划分含氯量不同的盐水层和油层时，往往造成盐水层和油层的中子测井曲线幅度没有明显差异。

7. 三侧向测井曲线

1) 曲线特点

(1) 高阻层视电阻率曲线对围岩形成高阻异常，异常对称于高阻层中点，异常极大值为视电阻率代表值。如果地层较厚，岩性、电性不均匀，分段取值。

(2) 高阻层界面在三侧向曲线上缺乏明显的特征，但靠近高阻异常的底部。

(3) 深浅三侧向曲线形态相同，在储集层有幅度差。

2) 影响因素

主要为井眼、围岩-层厚、侵入等三个方面。

8. 微球形聚焦测井

微球形聚焦测井是一种电阻率测井方法，其原理与球形聚焦测井相似，但具有特殊的电极系结构，使其能够更精确地测量地层的电阻率。这种方法特别适用于水基泥浆条件下，对砂泥岩或石灰岩剖面的中深井进行测井，可以有效地消除泥饼及原状地层对测量结果的影响。

微球形聚焦测井的电极系装在极板上，通过推靠器使电极与井壁直接接触，从而探测冲洗带电阻率。与传统的微侧向测井相比，微球形聚焦测井由于等位面在地层中保持球形，受泥饼影响较小，也不像邻近侧向测井那样要求侵入带有很大的深度，因此其应用范围更广。

2.1.3 生产数据

生产数据主要是指研究区域在开采期间地理特性变化的时序性数据。一般是四维的数据，即在已有的三维地震体数据上另加了一个时间维度，用来表示实际生产过程中该区域地下岩性和连通性的变化。在生产数据的基础上，可以实现对研究区域地质特性的预测，对之后的开采工作有很大的指导意义。生产动态资料能够实时地反映地下储层的连通性状况，也是油田现场最容易测得的资料[5]。

生产数据的形式有很多，地层压力系统数据就是其中之一。对压力系统的理解与分析有利于对井间连通性的判断和预测，是最直接、直观的数据。在同一储层的油藏中，所有的生产井和观测井都是在一个整体的水动力系统中。油藏是指单一圈闭中具有同一压力系统且具有统一油水界面的石油聚集体。在地质物理学中，储层的油藏压力系统的组成是这个区域中每一点的深度推导出的压力值。因此，若能把该区域地下岩层的每一点的压力推导到同一水平面上，就可以掌握储层的现阶段分布状况，而推导出的压力就是折算压力。在一个地层压力系统中，区域储层各处原始折算压力应该相等。原始条件下，处于同一个水动力系统中的各处压力之间是平衡的，若某井投产后，这种压力平衡关系被打破，该压力系统内其他各井的地层压力会有所下降。地层压力代表地层的能量，地层压力传播是通过孔隙中的流体来实现的。各井投产后，处于同一个水动力系统中的各处压力平衡关系被打破，能量重新分布，直到建立新的压力平衡关系。因此，同一压力系统内的各井在开采期间，地层压力会同步下降，记录压力系统在整个开采期间的变化数据可以作为生产数据。

除此之外，研究区域在开采期间的地震相数据也可以作为生产资料用作研究。地质上划分沉积相是根据沉积的物理、生物和化学等特征，地震上划分沉积相主要根据反射波特征，即地震地层参数。后者主要包括：地震相的外形、内部结构、顶底接触关系、振幅、连续性、视周期层速度以及反射特征的横向变化等。地震相分析是在地震反射层序分析所得沉积层序的基础上进行的。通常可以将一个沉积层序进一步划分为几个地震相单元，一个地震相单元可以定义为地震性质与相邻单元有着明显不同的沉积单元。地震相资料可用于直接解释，即找出形成地震相单元中各地震相要素的地质原因，进而得到地层的岩性、岩相变化等信息；也可用于间接解释，即推断沉积环境、沉积搬运方向及地质演变等情况。地震相标志分为：地震反射基本属性和结构、内部反射构造、外部几何形态、边界关系(包括反射终止型和横向变化型、层速度等)。地震相分析则是根据地震相特征进行沉积相的解释推断。在石油勘探及某些煤田、盐矿勘探中，地震勘探资料是必不可少的重要基础资料。

油田投入开发后，随着开采时间的增长，油层本身能量将不断地被消耗，致使油层压力不断地下降，地下原油大量脱气，黏度增加，油井产量大大减少，甚至会停喷停产，造成地下残留大量死油采不出来。为了弥补原油采出后所造成的地下亏空，保持或提高油层压力，实现油田高产稳产，并获得较高的采收率，常用的方法为对油田进行注水。

2.2　石油勘探数据集

2.2.1　F3 区块

北海地区蕴藏着丰富的油气资源，这也是文献对该地区进行深入研究的原因。位于荷兰海岸外的北海大陆架被划分为不同的地理区域，这些地理区域用不同的字母来表示，在这些区域内是用数字标记的小区域。其中一个区域是一个尺寸为 16km×24km 的矩形，称为 F3 区块。1987 年开始对 F3 区块体三维地震勘探，识别该区块地质构造，寻找油气藏。此外，多年来在 F3 区块内钻了许多钻孔。在 De Groot Bril(Earth Sciences，The Netherland，荷兰地球科学)将调查数据公布于众后，F3 区块成为了最广为人知和研究最多的区域。

在北海大陆架内，有十组已在文献中确定了的岩石地层单位，如图 2-2 所示。这些组及其主要的岩石地层特征如下。

(1) Upper North Sea group：从中新世到第四纪的黏土岩和砂岩；

(2) Lower and Middle North Sea groups：从古新世到中新世的砂、砂岩和黏土岩；

(3) Chalk group：晚白垩世和古新世的碳酸盐岩；

(4) Rijinl and group：晚白垩世由砂岩组成的黏土层；

(5) Schiel and Scruff and Niedersachsen groups：上侏罗纪和下白垩纪的黏土岩；

(6) Altena group：下侏罗纪和中侏罗纪的黏土岩和碳酸盐岩；

(7) Lower and Upper Germanic Trias groups：三叠纪的砂岩和黏土岩；

(8) Zechstein group：镁灰岩世的蒸发岩和碳酸盐岩；

(9) Upper and Lower Rotliegend groups：下镁灰岩世的硅质岩和玄武岩；

(10) Limurg group：上石炭纪的硅质岩。

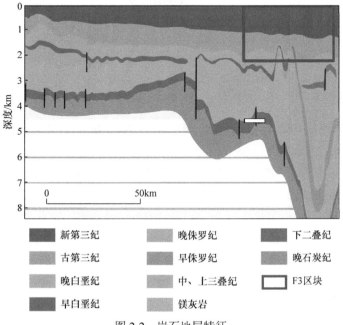

图 2-2　岩石地层特征

F3 地块位于阶梯地堑和荷兰中部地堑两种构造结构的交界处，这些构造结构以不同厚度的岩石地层单元为特征。这种厚度的变化是构造活动的结果，开始于海西造山运动。阶状地堑内的区域受刺穿盐丘强烈扰动，刺穿盐丘从镁灰岩世到古近纪曾多次活动。另外，由于侏罗纪岩石的下沉，Schiel and Scruff and Niedersachsen groups 仅在荷兰中部地堑内被观察到。

通过现有地震数据和测井数据，得到了 7 组地震相，如图 2-3 所示。

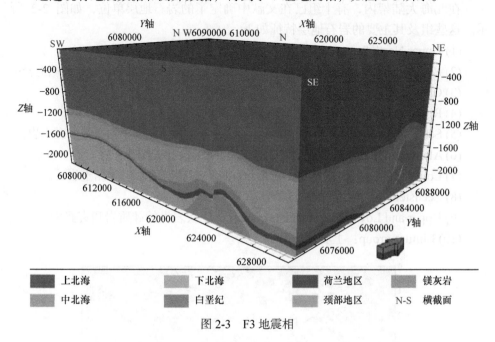

图 2-3　F3 地震相

2.2.2　Volve

Volve 油田于 1993 年被发现(发现井为 15/9-19 SR)。位于北海中部，距斯莱普纳东部 5km，水深 80m。Volve 油田如图 2-4 所示。

Volve 油田储层为 2750～3120m 水下真实垂直深度(true vertical depth subsea，TVDSS)的侏罗系砂岩，油田采用注水加压开采。Volve 油田于 2007 年 5 月开始钻井，并于次年投产，预期寿命为 3～5 年。2012～2013 年，新井一直在钻探，这有助于提高采收率和延长油田寿命。然而，剩余的资源非常有限，随着近年来油价的下跌，新井不再有利可图。Volve 油气田于 2016 年关闭，投产时间比原计划延长了3 年。该油田投产 8 年多，产出约 950 万桶石油，超出了开发和运营计划的预期。总地来说，Volve 的回收率达到 54%。

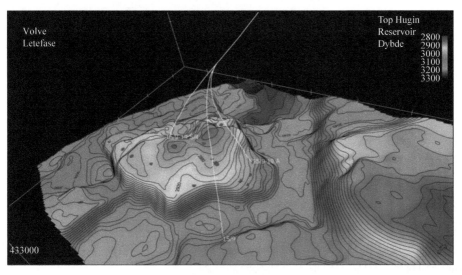

图 2-4　Volve 油田

2.2.3　模拟数据

Marmousi 2 模型[6]是在 Marmousi 模型的基础上更新和升级而来的声波模型。1988 年，法国石油研究所(Institut Français du Pétrole，IFP)创建了 Marmousi 原始模型。自创建以来，该模型及其声学有限差分合成数据已被全世界数百名研究人员用于地球物理科研。20 世纪 80 年代，计算机技术和性能都有了较大的进步和提升，促使了对该模型的升级和改进。

Marmousi 2 基于原始的 Marmousi 结构，在宽度和深度上都进行了扩展，宽度从 9.2km 扩展到 17km，深度从 3km 扩展到 3.5km，并且更具弹性和灵活性，支持压缩波、横波、转换波和各种导波的传导。同时基于劳伦斯·利弗莫尔国家实验室(Lawrence Livermore National Laboratory)提供的最新建模代码，生成了高频、高保真、弹性、有限差分的合成材料。Marmousi 2 模型数据适用于多种地球物理研究，包括阻抗反演、地震迁移、AVO 分析、速度分析的校准、多衰减和多分量成像。Marmousi 2 模型示意图如图 2-5 所示。

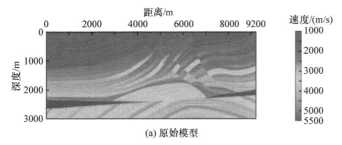

(a) 原始模型

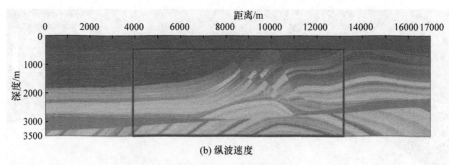

(b) 纵波速度

图 2-5　Marmousi 模型图

Marmousi 2 模型可以更好地模拟深水环境中的长距偏移采集，同时扩展了原始模型中的水平轴以适应扩展后的模型，并增加了 41 个新视野，Marmousi 2 中的水平轴共有 199 个。新模型还插入了几个储层，如图 2-6 所示，已在模型的原始部分和新部分中显示模拟通道和其他油气藏。

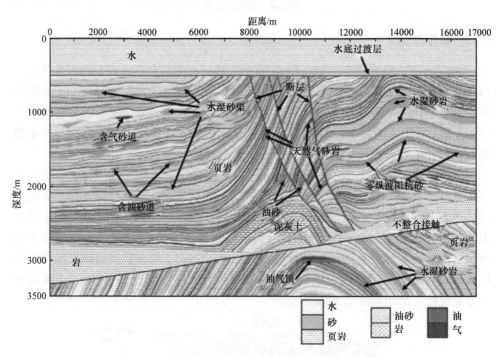

图 2-6　Marmousi 2 模型的构造要素、地层以及岩性

在波阻抗反演实验中，将使用 Marmousi 2 模型 p 波波速数据和模型密度数据来计算获得波阻抗数据，如图 2-7 和图 2-8 所示。

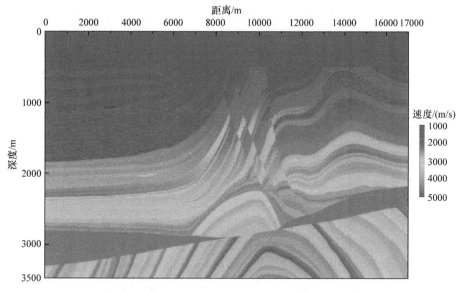

图 2-7　Marmousi 2 模型 p 波波速

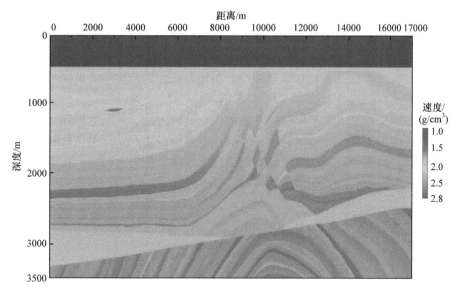

图 2-8　Marmousi 2 模型密度

2.3　地震资料处理的三个基本阶段

自从有了数字记录，地震资料处理技术与流程就在不断发展。地震资料处理
有三个基本阶段，即反褶积、叠加、偏移。

(1) 反褶积是通过压缩子波，来达到提高时间分辨率的目的。经过反褶积处理的 CMP 叠加剖面分辨率有了明显提高。CMP 叠加是利用 CMP 记录的冗余度，显著地压制不相关噪声，从而提高信噪比。偏移是使绕射波收敛并将同相轴移到大致真实的地下位置。偏移是一个成像过程，可以改善空间分辨率。

(2) 叠加的方式是把经前期数据处理以后的共中心点多道记录叠加起来形成一个叠加输出道，再按共中心点的位置排列。这种方法可以有效提高信噪比、压制干扰，并且能直观地反映地下构造形态。它的数学模型是，把经过动校正的同一共深度点道集内各道在各个相同时刻的离散振幅值叠加起来，得到经过共深度点叠加后的一个地震道。最常用的叠加方式就是在叠加前令每个参与叠加的振幅值除以覆盖次数，然后进行简单的算术相加。

(3) 反射地震资料的偏移校正、射线偏移和波动方程偏移等方法统称偏移处理。它是针对偏移现象的反偏移方法。偏移处理可使倾斜界面的反射、断层面上的断面波、弯曲界面上的回转波以及断点、尖灭点上的绕射波收敛归位，得到地下反射界面的真实位置和构造形态，获得清晰可辨的断点和尖灭点。因此，偏移处理对提高地震勘探的横向分辨率具有很重要的作用。其次，这种处理还可以求取地层岩性参数，清除多次波，有利于地震资料的综合解释。

射线偏移是建立在几何地震学基础上的一类偏移方法，可以实现叠后偏移，也可以实现叠前的偏移。其基本原理可以用地震脉冲的偏移响应来说明，又分为圆法偏移、绕射扫描叠加偏移以及椭圆法偏移。

波动方程偏移是以动波理论为基础的偏移处理方法。其基本思路为，当地表产生弹性波向下传播，称为下行波，遇到反射界面时将产生反射。这时可以将反射界面看作新的波源，新的波以波动理论向上传播，称为上行波。在地表接收到地震记录就可看作反射界面产生的波场效应。

2.4　地　震　反　演

2.4.1　简介

基于相关原理和模型知识，通过已知条件对所需结果进行预测的过程叫作正演。而反演过程恰恰与之相反。从已有数据和知识推导获得模型参数的近似值问题的过程称为反演。通过反演可以对模型中的未知参数进行求解，进而获得已有信息和所需数据之间的映射关系。反演的常见表现形式为一个或几个公式，并且能够使信息和参数同时满足设定条件，并设置评价指标对模型进行判断。正演过程和反演过程的实现对比图如图 2-9 所示。

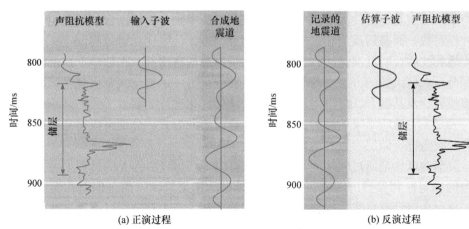

图 2-9　正演过程和反演过程的实现对比图

地震反演是地球物理反演的重要内容之一，它是一门结合数学、物理计算机等多个学科的技术方法。20 世纪初，越来越多的人其目光被吸引到地球内部构造中，地质学和物理学也随之发展与积累，物探数据的相关分析渐渐兴起。由于对地球物理数据需要进行定量的分析，有关地球物理学的反演问题研究也开始进入了人们的视野。反演是正演的逆过程，地震反演通常指使用地质规律和测井资料充当反演的约束条件，通过地震数据和资料对地下岩石的物理性质和空间结构进行预测的过程，即在地震资料的基础上加以其他约束条件对地层岩性构造进行预测。

在地震反演中，预测数据一般为原始地震资料，模型的相关参数一般是岩石物理特征或岩石空间构造。地震反演的内容从广义上来说包括速度、密度、泊松比、孔隙度、地层压力、储层厚度等参数以及地震资料中待求参数[7]。在实际反演中，对于初始地震数据和资料具有信号传播完整、振幅为真值、无色噪声等严格要求，而通过已有的数据捕获设备无法完成以上条件。所以，在地震反演中得到的结果一般是估计值。

地震反演的分类有多种形式，常见的分类形式及结果如表 2-1 所示。

表 2-1　地震反演的分类形式及结果

分类标准	分类结果
所需地震资料	叠前反演
	叠后反演
所使用地震数据	地震波旅行时反演
	地震波振幅反演
地质结果	构造反演
	波阻抗反演
	储层参数反演
	地质统计反演

叠前反演是通过使用不同的近似式反演求解得到与岩性、含油气性相关的多种弹性参数。而叠后反演相当于经过了滤波处理,信噪比相对较高。

地震波旅行时反演是地震层析成像的反演源信息之一,在数学上是由函数的线积分反求该函数的方法。地震波振幅反演则是另一重要反演源信息,可以得到地震波属性及其组合,可以与岩石物性和流体变化进行关联。

表 2-1 中地质结果四类形式代表了地震反演的方式,分别可以得到该地质的构造、波阻抗、储层参数和地质统计参数。

反演的概念是通过间接测量量 $d \in Y$ 推断真实模型参数 $m \in X$ 的过程。通常基于模型的确定性和参数的无噪声性,正演模型的结果是唯一的。但是在实际操作中,总存在着已有真实数据包含噪声的现象,并且在大部分情况下都不能获得所有信息,因此,反演问题通常存在多个解。

声波阻抗(acoustic impedance,AI),也可称为波阻抗,可以理解为地下岩层的密度和波在地下岩层中传播速度的乘积,能够反映地下岩层的物理性质和信息。声波阻抗反演最初由加拿大 Lindseth[8]于 20 世纪 70 年代提出,使用反演可以通过地震数据获得波阻抗信息,即通过底层界面信息获得岩性变化信息。因为波阻抗能够反映地下岩层的密度和速度等信息,且可与已有地质和钻井测井信息进行客观对比,所以波阻抗在储层预测和油气开发中具有很高的应用性,并且越来越受油藏开发人员的偏爱。

目前,理解地球的地下结构成为各种应用(如环境监测、碳固存以及油气勘探)的重要组成部分。通过查看记录地震轨迹的处理而产生的地震体积,研究人员能够从应用先进的图像处理和计算机视觉算法中学习,从而有效地分析和理解地下结构。对地震反演问题的研究也面临越来越大的挑战,成为物探极其重要的一部分,而波阻抗反演正是地震反演中最为关键的一部分。

2.4.2　地震反演技术的发展历程

自 20 世纪 70 年代,地震反演技术陆续兴起。经过将近 50 年的发展,其技术不断完善,应用领域逐渐扩展。地震反演的研究内容主要包括反演理论、模型算法、反演评价及相关应用。

1967～1970 年,Backus 等[9]在地球物理学的基础上,提出了 BG 理论,开启地球物理反演的篇章,众多研究者也开始尝试用反演的方式处理地球物理问题。而地震反演技术真正变成流行的方法和工具则是在 20 世纪 70 年代中期以后[10],Lindseth[8]提出 "Seislog"(测井约束地震反演)方法,引入了波阻抗反演。到了 70 年代后期,由于合成声波技术的推动,研究者可以从地震道提取资料进行声波合成,一维有井波阻抗反演技术也随之出现,提高了预测结果的可靠性。从 1980 年开始,地震反演进入三维时代,AVO 分析、全波形反演(FWI)等方法陆续问世，撒利明等[11]的研究使测井约束下的地震反演理论更加完善，克服了线性反演中存在的不足，增强了反演效果。同时，相关的计算机软件也开始出现。进入 21 世纪后，叠前反演技术和叠后反演技术都得到迅速发展并获得巨大进步，弹性波阻抗(elastic impedance，EI)的概念和计算诞生，反演软件也逐渐成熟，开始大量工业化应用，进一步促进了地震反演技术的提高与发展。

随着人工智能热潮来袭，计算机技术的应用对地震反演的发展具有越来越重要的影响，一些数据挖掘、模式识别等算法和技术逐步应用到反演领域。经典反演方法和机器学习方法之间存在一个关键区别。在经典反演中，结果是一组模型参数(确定性)或后验概率密度函数(随机)。而在机器学习方法中，反演是产生了从测量域到模型参数域的映射。由于从地震数据到岩石特性的映射是非线性的，对于经典反演算法来说，这是一个极具挑战性的任务。有监督的机器学习算法在使用地震数据估计物理特性中更具有优势，这对基于机器学习的地震反演方法来说既是机遇也是挑战。

2.4.3　基于人工智能的地震反演技术的研究现状

在地震领域，越来越多的研究开始应用人工智能相关算法，有监督的机器学习和深度学习算法可以实现对岩石物理属性的成功预测。Gholami 等[12]提出了一种优化的神经网络和支持向量回归机的合并模型，用于识别孔隙度和地震数据之间的关系。

近两年来，人工智能在地震反演上的应用也层出不穷。Biswas 等[13]实现了在循环神经网络的基础上从地震偏移道集预测堆积速度。Das 等[14]通过卷积神经网络来预测法向入射地震的声波阻抗。Alfarraj 等[15]尝试使用循环神经网络从地震数据中对相关属性进行预测估计，获得了比传统前馈神经网络更好的效果。Picetti 等[16]使用生成对抗网络来处理地震数据成像的问题。Phan 等[17]设计了用于深度学习的十字形深 Boltzmann 机器结构，以能量函数最小化来执行网络训练，能量函数的形式类似于最小二乘解。除此之外，还有将贝叶斯方法应用于地震反演[18]、多数据融合的地震特征抽取等许多方法[19-21]。

而在国内，Du 等[22]使用残差网络建立了一个用于方位各向异性介质叠前地震的反演模型，用于预测岩石物理参数。对于实际操作中，地震数据存在较多干扰和噪声的问题。王钰清等[23]提出基于卷积神经网络模型，通过对数据进行生成和推广操作来搭建噪声去除框架。赵鹏飞等[24]利用神经网络模型改善反演问题中的随机噪声问题。石战战等[25]将 L1-L1 范数系数表示的方法结合进地震反演的过程中，将输入的地震信号分解，改善了反演多解和多噪的问题。李祺鑫等[26]提出了一种基于生成对抗网络的反演模型，通过搭建生成对抗网络(generative adversarial network，GAN)模型，使用测井数据对 GAN 模型进行训练和建模，对高分辨率数据的反演结果有了更好的效果。

　　虽然结合人工智能的地震反演技术和研究正在如火如荼地开展，但地质结构具有非线性性和异质性，基于机器学习的地震反演技术的发展仍面临着严峻考验，同时也拥有更多的上升空间。

2.5　地震相分类

　　随着科学技术的飞速发展，现代的先进科学技术不断地被引入地球物理勘探领域，从而促使人类更加了解地球内部及近地空间的结构、物质组成和演化方式。油气勘探作为地球物理勘探的核心方向之一，也得到了飞速的发展，为人类带来了巨大的经济和社会效益。地震相划分是油气勘探的核心，其结果直接影响到油气勘探的准确性。地震相分类流程如图 2-10 所示。

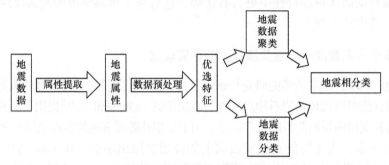

图 2-10　地震相分类流程

2.5.1　地震相参数

　　地震相的相关概念因 20 世纪 70 年代末期石油地震勘探领域中地震地层学的出现而获得了广泛的关注和研究。"相"这一概念最早由丹麦地质学家斯丹诺引入地质文献，学者们经过不懈研究对"相"的概念获得了深入且准确的理解，提出了地质中"相"的概念不能简单地定义为环境或地层，而是应该囊括沉积环境和沉积特征两方面内容的观点。基于此，相的完整定义应该是沉积环境及在该环境中形成的沉积物特征的综合。在沉积学研究中，相即是沉积相。目前，地质专家进行地下勘探的主要手段是在地表布置一个或多个可控震源然后人工激发弹性地震波，这些地震弹性波遇到地下不同的地质结构时会产生相应的变化，地质专家通过地表接收器接收到这些不同的变化并依据此来确定该区域的地下沉积相组。地质专家将这些地下沉积相的地震波或声波响应称为地震相。

　　地震相是由特定的地震反射参数(常用的反射参数有内部反射结构、外部几何形态及物理参数三种)所限定的有限三维空间的地震反射单元，是沉积相或地下地质体的地震波或声波响应。在某一研究区域内，属于不同沉积相的地震反射单元所具有的地震反射特征与其相邻单元是不同的。对目标区域的三维地震数据体按照某种地震反射参数进行分类，也就是划分地震相的过程。其中，地震内部反射结构是指地震剖面上的各个相轴在空间上的排列组合方式、延展情况及其相互关系，直接反映了地下岩层叠加的方式及其相应的沉积作用性质。地震外部几何形态是指具有某种特定的反射结构的地震相单元在该区域内的分布情况，这种分布情况以三维数据的形式表示可以有效地指导地质专家区分不同的沉积环境。物理参数包括反射振幅、反射频率和反射连续性三种，代表了沉积能级、地层岩性变化情况和不同沉积条件下的地层连续程度等重要指标。对上述参数在地震剖面上进行相应的地质解释即可完成对地震相的划分。

现阶段无论是依据地震沉积学还是依据层序地层学的相关理论进行地震相划分，最终结果都会得到一张表示各地震层序中沉积相展布规律的地震相图，再依靠地质专家综合自身经验及实际情况进行人工分割，这种分割方法具有周期长、难度大、主观性强等劣势，制约了油气勘探的发展，因此研究如何高效智能地分割地震相图变得十分重要。

2.5.2　机器学习地震相分类

机器学习以统计学理论作为基础，在近年来衍生出诸多算法越来越多地应用于各个领域解决实际问题，包括语音识别、机器人控制和自然语言处理等。不同领域的实际问题中，机器学习算法依据不同数据和基础模型在处理问题的结果上有很大的差别。如何确定正确的参数和建立合适的模型在机器学习中是一个难以确定但又至关重要的问题。

将机器学习分类方法应用于地震相划分技术是一种趋势。例如，使用人工神经网络等技术对地震波形等已知数据进行分类，进而得到地震相结果。地震相包含沉积物的生成环境、生成条件等特征总和，具有许多非线性结构特征，如褶皱、冲积扇相等复杂脉络。早年人们往往通过经验、观察法直接用肉眼判断地震相模型，但这必然会损失大量实际收集到的地震资料信息。随着计算机和机器学习理论的飞速发展，越来越多的方法被提出、应用到地震相分析领域中，使得该领域取得了很多进展。

2.5.3　图像分割地震相分类

计算机视觉是一门致力于使用机器进行图形图像处理的学科，其最终目标是使机器可以像人一样观察和理解世界。深度学习作为机器学习最新研究趋势之一，为计算机视觉带来了革命性的进步。深度学习方法允许计算机通过分层网络获取多个抽象层次的数据特征，以达到由相对简单的概念来学习复杂概念的目的。这些方法广泛应用于文本字体、语音语言、图形图像等数据模式，在这些数据模式逐层提取特征来实现诸如文本匹配、语音识别、图像分析、风格迁移等基于理解的任务，并取得了很好的效果。

图像分析一直是深度学习的热门应用领域之一。至今，深度学习已经出色地完成了诸如图像生成、图像描述、图像识别等图像分析的相关任务，相应的网络架构也更趋于稳定和成熟。随着油气勘探领域的发展，地震资料解释也逐渐需求人工智能特别是深度学习的加入。然而从三维地震数据体中获得的地震相图所组成的数据集并不能满足传统的深度学习架构如卷积神经网络(convolutional neural network，CNN)、全卷积网络(fully convolutional network，FCN)、GAN等对数据集的规模和多样性这两方面的要求，同时，地震相图中噪声大、各个沉积相带之间相互交叠等特点也使得传统的深度学习架构直接应用其中会导致非常低的准确率或过拟合等问题。因此如何从有限的地震相图数据集中提取特征，保证网络更加稳定地学习更复杂的地震相图的特征，都是将深度学习引入地震相分析领域的热门研究方向[27]。

2.6 生产预测和井连通性

除了上述对固定的石油勘探数据的简介和处理方法，石油勘探数据也包括在石油生产中动态的生产数据，由此便可以通过这些动态数据对石油生产过程进行预测，也可以探求生产井间连通性的问题。生产预测和井连通性的框架体系如图2-11所示。

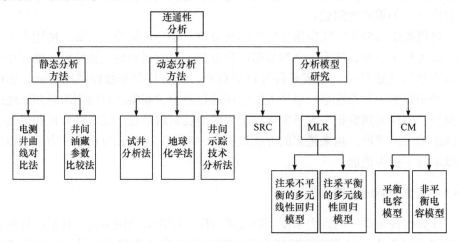

图2-11　生产预测和井连通性的框架体系图

2.6.1　生产预测

预测是认识客观世界的一种方法，是一门跨越时空的透视科学。预测科学的显著特征是"植根过去，立足现在，推断未来"，即在可靠信息的基础上研究客观事物过去、现在和未来的演变规律，为未来的最优控制提供依据。预测技术的基础包括知识性原理、惯性原理、相关性原理、近小远大原理、概率推断原理、反馈原理等方面。只有在保证上述原理的有效性的基础上，才可能确保预测方法的有效性。预测科学理论技术在石油工业中的应用，比较多的是预测油田开发技术指标。开发指标是人们在石油工程领域常用的能够计量和测试到的表征油层开采状态的量值。开发指标预测就是对其自身的变化规律进行的定量预测，这种预测通常称为动态预测。

2.6.2　连通性概念

井间连通性是指在注水开发中注水井与生产井之间的连通关系。连通性是油气藏评价的重要内容，也是制定油田开发调整方案的重要依据[28]。一般包括静态连通性和动态连通性两个方面。

目前，油藏静态连通研究方法比较成熟，主要包括地震、测井、地球化学等地层对比方法。精细油藏描述技术就是利用这些资料对沉积旋回进行对比分析，建立精细地层格架，细分地层单元，勾绘储层砂体展布，掌握流动单元分布[28]。

井间动态连通性是指储层内流体的连通性，属于动态范畴，与地质研究中地层对比和地震横向预测所得到的静态连通性有着质的区别[28]。目前主要通过试井、油藏数值模拟、示踪剂测试、地球化学、油藏工程方法及动态反演等方法来研究。压力测试、示踪剂测试等方法在实施时会影响油田生产的正常进行，且花费昂贵；油藏数值模拟方法需要掌握大量油层的静态资料和动态资料，这些参数难以准备齐全，且难以真正符合油藏的实际[28]。

准确解释油藏连通性，特别是注水井与生产井之间的流体流动规律，对于提高原油采收率(improved oil recovery，IOR)是至关重要的。井间评价将指导油藏管理的决策，如注水优化、石油产量维持和加密井位置的确定。由于地质非均质性和构造复杂性，井间评价具有相当大的挑战性[29]。

2.6.3　连通性静态分析方法

1. 电测井曲线对比

利用电测井曲线对比结果可判断出同一层系井间是否连通。由于不同层系地层的岩层、沉积规律及组合特征等可能存在差别，在测井曲线上，常常见到一些层系、岩层组、岩层在某一条侧近曲线上有明显的特点，且这一特点，在各井的测井曲线上也相同或相似。因此，把相邻各井的测井曲线进行对比，就能找出各井剖面之间的同一层系、地层组，甚至同一地层。并能推断出它们在构造的部位、埋藏深度、厚度及岩性等方面的变化[30]。

2. 各井的油藏参数比较法

通过对比各井的原油密度、组分等是否一致，可以判断出井间是否连通。

例如，对某油田的相邻 5 口井进行化验取样可知，这 5 口井的原油密度为 $0.95 \times 10^3 \sim 0.96 \times 10^3 \text{kg/m}^3$ 密度基本一致，另外根据收集到的数据可知该区域各井原油的组分也基本一致。说明相邻的 5 口井处于同一水动力系统，井间连通性较好[31]。

2.6.4　连通性动态分析方法

1. 试井分析方法

通常运用干扰试井和脉冲试井等多井试井方法来判断油藏井间动态连通性。

干扰试井是指以一口井作为激动井，另一口或数口井作为观察井，改变激动井的工作制度，引起地层压力的变化，在观察井中下入高灵敏度的测压仪表，记录激动井工作制度的改变所造成的压力变化[32]，从观测井是否能够接收到激动井压力变化信号来判断井间是否连通。脉冲试井的方法与干扰试井基本相同，不同的是试井时要在激动井中设法产生一系列的短时间压力脉冲[33,34]。

运用干扰试井和脉冲试井判断井间连通性虽然结果较为准确，但这种方法存在的缺陷是实施时需要改变井的工作制度，会影响油田完成生产计划，而且压力计成本也较高。运用井组压力平衡法需要对周围井组进行相同的测试，成本也很高。试井方法不适合在油田大面积推广应用，只在拥有丰富试井资料的油藏才适用。并且测试的结果没有一个确定的指标来衡量井间连通程度。

2. 地球化学方法

气相色谱指纹技术可以研究油藏中原油的地球化学特征，以此来判断油藏的连通情况。与传统的方法相比，气相色谱指纹技术直接分析的是油藏中的流体，因此干扰因素相对较少，而且气相色谱仪器精密度很高，使得分析结果更加准确可信[35]。

色谱指纹技术通常用来研究油藏井间连通性。研究者在各井的生产小层中取出油样，然后利用气相色谱高灵敏的检测器和良好的分离效果对油样进行全烃色谱分析，通过对比单层油样的色谱指纹特征来判断井间连通性[36]。运用色谱指纹技术判断井间连通性，虽然结果较为准确，但花费昂贵，只适合于实验区的连通性分析，不适合在油田大面积推广应用。

3. 井间示踪技术分析方法

井间示踪技术是在注水井中注入已经溶解了示踪剂的流体，跟踪注入流体，标记出流体的运动踪迹，然后再用同样的流体驱赶示踪剂段塞，在生产井中检测示踪剂的产出动态并进行分析，从而认识注水井与生产井间渗流特征与储层特性[37]。

井间示踪技术是一种直接测定油藏特征的方法，在生产井检测到的示踪剂浓度突破曲线，可以反映出油井和油藏的相关信息。观察示踪剂在生产井中的开采动态：如示踪剂浓度突破曲线的形状、示踪剂的突破时间、峰值的大小和个数、相应注入流体总量等参数，结合示踪剂运移机理的数学模型，可进一步认识和研究注入流体的油藏非均质特征和运动规律。

运用井间示踪技术评价井间连通性的具体方法主要是通过生产动态分析和模拟示踪剂突破曲线特征，最终运用数值模拟的方法来完成的。利用井间示踪技术来研究井间连通性费时费力，还要用到数值模拟方法，完成起来非常复杂，不适合大规模应用[38]。

2.6.5　连通性分析模型研究

1. 斯皮尔曼秩相关系数

Yin 等[29]是第一个使用斯皮尔曼秩相关系数(Spearman Rank Correlation，SRC)来计算注入量与产量随时间波动的相关系数。他采用了 Spearman 秩相关分析法判断井间连通性，并且建立了一个注入井和一个生产井的关系模型，他们证明，注采井产量的相关性可以很好地衡量单井之间的通信。

2. 多元线性回归

Albertoni 等[38]提出了根据注采数据解决水驱过程中井间连通性问题的方法：注采不平衡的多元线性回归模型和注采平衡的多元线性回归模型。

1) 注采不平衡的多元线性回归模型

在水驱系统中，把油藏里生产井、注水井、井间孔道作为一个完整的注采系统。当注入量和产液量明显不相等时，认为水驱系统不能达到平衡。

通过多元线性回归(Multivariate Linear Regression，MLR)函数，可以利用周围注水井的注入速度来估计产液量，即

$$\hat{q}_j(t) = \beta_{oj} + \sum_{i=1}^{l} \beta_{ij} i_i(t), \quad j = 1, 2, \cdots, N \tag{2-1}$$

这个公式说明，在任何时刻生产井的总液量是与其对应的每口注水井的产量线性组合再加上注采不平衡系常数 β_{oj}。由于油藏的非均质性差异，注入流体窜入非目的层会导致注采系统不平衡[38]。

2) 注采平衡的多元线性回归模型

如果注水开发系统中注入量与产液量基本相等，也就是水驱系统达到平衡，

则多元线性回归模型中的不平衡常数 β_{oj} 为 0。在这种情况下要用注采平衡下的多元线性回归模型(BMLR)来表示第 j 口生产井的产液量 q_j，即

$$\hat{q}_j(t) = \sum_{i=1}^{l} \beta_{ij} i_i(t), \quad j = 1, 2, \cdots, N \tag{2-2}$$

式(2-2)表明，在任何时刻，生产井的产液量与所有注水井的注入量呈线性关系，该模型应满足如下的注采平衡条件：

$$\bar{q}_j = \sum_{i=1}^{l} \beta_{ij} \bar{i}_i, \quad j = 1, 2, \cdots, N \tag{2-3}$$

引入拉格朗日乘子将平衡条件下的多元线性回归模型的目标函数变为

$$P = \sum_{i=1}^{N} \left(q_j(t) - \hat{q}_j(t) \right)^2 - 2\mu_j \left(\bar{q}_j - \sum_{i=1}^{l} \beta_{ij} \bar{i}_i \right) \tag{2-4}$$

再对权重因子 β_{ij} 和拉格朗日乘子 μ_j 求偏导得到目标函数的最小值，即

$$\begin{cases} \dfrac{\partial}{\partial \beta_{ij}} \left[\sum_{i=1}^{N} (q_j(t) - q_j(t))^2 \right] = 0 \\ \dfrac{\partial}{\partial \mu_j} \left[\sum_{i=1}^{N} (q_j(t) - q_j(t))^2 \right] = 0 \end{cases} \tag{2-5}$$

3. 电容模型

多元线性回归模型假设生产井井底流压保持恒定，模型并没有考虑生产井井底流压波动的情况。对于实际油藏，有必要引入生产井井底流压数据，建立联合注采数据和压力数据的井间动态连通性分析模型[38]。

电容模型(Capacitance Model，CM)方法是由物质平衡导出的非线性信号处理模型，利用物质平衡原理建立了定量表征油藏注采连通性的容阻模型，其基本思想为：将每一注采井对控制区域作为研究基本单元，并用两个参数(连通性系数、时间常数)对该单元进行表征。其中：连通性系数为水井向油井的注水量分配系数，反映该单元的电阻性；时间常数用来体现注采响应的滞后性，反映该单元的电容性。运用上述特征参数构建了油井产液量与周围水井注水量的非线性响应关系，利用实际注采数据对模型参数进行反演计算，便可获得水井周围油井方向的注水量分配系数，从而对注采对应关系进行量化表征[39]。

1) 平衡电容模型

通过求解含有注入井和生产井的油藏系统物质平衡的一般微分方程，发现利用注入速度和井底压力(bottom hole pressure，BHP)数据可以预测每口井的产量，即

$$\hat{q}_j(t) = q_j(t_0)e^{-\frac{t-t_0}{\tau_{pj}}} + \sum_{i=1}^{K} \lambda_{ij} w'_{ij}(t)$$
$$+ \sum_{k=1}^{K} v_{kj}\left(P_{wfk}(t_0)e^{-\frac{t-t_0}{\tau_k}} - P_{wfk}(t) + P'_{wfkj}(t) \right)$$

$$(2\text{-}6)$$

当
$$w'_{ij}(t) = \sum_{m=1}^{n}\left(\exp\left(\frac{t_m - t}{\tau_{ij}}\right) - \exp\left(\frac{t_{m-1} - t}{\tau_{ij}}\right) \right) w_i(t_m)$$

且
$$P'_{wfkj}(t) = \sum_{m=1}^{n}\left(\exp\left(\frac{t_m - t}{\tau_{kj}}\right) - \exp\left(\frac{t_{m-1} - t}{\tau_{kj}}\right) \right) P_{wfk(t_m)}$$

其中，$\hat{q}_j(t)$ 为再次预测生产井 j 在时间 t 时的产量；$q_j(t_0)e^{-\frac{t-t_0}{\tau_{pj}}}$ 代表了生产井 j 在时间 t_0 时的初始生产条件；$w'_{ij}(t)$ 由注入井 i 的注入速率 $w_i(t)$ 计算得到，表示注入井对生产井 j 的影响；估计井间系数 λ_{ij} 仍然量化注采井的连通性对 i-j；CM 还考虑了 BHP 数据，在右边的第三个部分，v_{kj} 代表了生产井 j 对生产井 k 的 BHP 变化的影响，K 是活动生产井的数量；$P_{wfk}(t)$ 为生产井 k 的 BHP，$P'_{wfkj}(t)$ 为生产井 k 在生产井 j 影响下的 BHP。

2) 非平衡电容模型

对动态数据采样，采样时间点为 n，采样时间间隔为 Δn。应用采样后的离散数据将基本电容模型式离散化。在恒定的井底压力下只有一口生产井和一口注水井的离散化电容模型表达式为

$$q(n) = q(n_0)e^{\frac{n_0 - n}{\tau}} + \sum_{m=n_0}^{n} \alpha_m i(m)$$

$$(2\text{-}7)$$

其中，$\alpha_m = \dfrac{\Delta n}{\tau}e^{\frac{m-n}{\tau}}$，$\alpha_m$ 是嵌入式滤波系数，它决定了由注水量引起的输出信号的形式。对于固定的 Δn，α_m 的值主要由时间常量 τ 决定，因此 τ 决定了注入井和生产井之间的衰减和延时。时间常量 τ 是对一对注水井和生产井间压力耗损最直接的测量，注入信号的延时与衰减类似于电路中电压或电流经过电阻与电容变换后的延迟与衰减。随着 τ 的增大，油藏的综合缩小系数和孔隙体积变大，生产井的采油指数和油藏渗透率因此变小，注入信号的耗损变大；而当 τ 非常小时，可以忽略注水井与生产井间信号间的耗损，注入量的变化会立即在生产井处产生相同的变化。

2.6.6　井间连通通路的研究

4D 地震监测作为一种有效的储层评价、储层管理和提高采收率的手段，已经在工业上应用了二十多年，得到了广泛的认可。他可以准确地检测由于油田生产活动导致的流体替代和压力变化所引起的油藏动态变化。通过对储层体积动态变化的成像，4D 地震信号还可以识别注水井和生产井在生产过程中的相互作用，如滨水侵蚀和压力衰竭。这些数据不同于稀疏分布的井况数据，因为 4D 地震提供了一个随时间变化的 3D 体数据，可以评估井间信息。然而，4D 地震数据确实比井数据具有更高的不确定性，这主要是由于地震噪声和不可重复性，但在解释时也具有固有的非唯一性。为了捕获更详细的储层寿命变化，并提高质量和可重复性，还可以使用多个重复地震监测仪。这些设备广泛地通过海上拖曳式拖缆采收，特别是在海底永久油藏监测领域。尽管 4D 地震技术具有诸多优点，但利用 4D 地震技术来研究储层和井间的连通通道的方法还是很少见的。优化后的系数与 4D 地震观测值一致，有效地改善了 IOR 策略。示踪剂在注入井和生产井之间的运移时间被用来估计整个储层的井间连通性，同时也用来验证 4D 地震的解释，但是分析模型在很大程度上仍然是定性的。最后，Benguigui 等提出了定量推导断层的经验方法。

4D 地震数据检测到的所有储层诱发的动态变化都是由井内流体抽取或注入引起的。因此，4D 地震信号从本质上反映了井间通信的关键信息，尤其是当有多个地震勘测可用时。与油井动态数据相比，地震数据也直接符合储层地质。然而，如果不清楚调查期间的生产和注入行为，就无法明确解释油井动态引起的 4D 地震信号。当 4D 信号占主导地位时，通过将特定地震属性直接与从井数据获得的净储层体积变化相关联，形成了 well2seis 技术。

考虑到非压实油藏在生产和注水期间获得了 N 次重复时移地震勘探，可以建造序列 $\{\Delta A_1, \Delta A_2, \Delta A_3, \cdots, \Delta A_N\}$，$\Delta A$ 代表 4D 地震差异属性，如振幅或阻抗。相同时间间隔内相应的储层流体变化可通过组合观察到的产量和注入数据(按地层体积因素加权)得出。物质平衡表明，储层压力变化与其流体体积变化(无论是衰竭还是注入)成比例，而净储层体积随时间的变化可以通过将井地面生产和注入数据转换成地层值来获得。因此，从井中获得的净储层体积变化可以与压力诱发的 4D 地震信号相关联。另外，水饱和度的变化主要与油藏累积采油量有关，因此油井累积采油量可以与注水 4D 地震信号相关联。这类油井动态数据构成了另一个时间序列 $\{\Delta A_1, \Delta A_2, \Delta A_3, \cdots, \Delta A_N\}$。将地震和流体体积时间序列加在一起，归一化互相关系数 W2S(称为"well2seis 属性")可用于储层的任何位置(x, y, z)。

相关性测量可用于评估储层与目标井的连通程度。与仅使用井波动数据获得的 well2well 系数相比，W2S 不仅量化了单个连接，还揭示了井之间的通信模

式。其表达式为

$$W2S(x,y,z) = \frac{\mathrm{cov}(\Delta A(x,y,z),\Delta V)}{\sqrt{\mathrm{var}[\Delta A(x,y,z)]\mathrm{var}[\Delta V]}} \quad (2\text{-}8)$$

准确评价的主要考虑因素是 4D 地震监测仪的数量和地震噪声的水平,这可能导致无关紧要或虚假的相关性。为了确保 W2S 产品的稳健性,使用 t 分布确定统计显著性的度量。这种 t 分布能够评估拒绝与 4D 地震信号无关的原假设的概率。因此,有助于确定相关结果是否足够可靠。

2.7　本 章 小 结

本章从石油勘探数据的角度,全面而详细地介绍了石油勘探可以获得的数据,以及其类型、常见数据集;进而介绍了处理这些地震资料一般的三个基本阶段。在地震资料经过三个基本的处理阶段后,便可以开始使用地震反演技术对该数据进行反演,得到相应的地震相结果,以区分地质构造和获得相关地质参数。同时,本章不仅介绍了石油勘探数据及其处理方法,还探讨了生产阶段数据的应用,包括生产预测方法,以及如何利用这些数据来研究井间连通性问题。

第3章　特征工程算法原理与分析

在机器学习应用中，特征工程扮演着重要的角色，可以说特征工程是机器学习应用的基础。在机器学习界流传着这样一句话："数据和特征决定了机器学习算法的上限，而模型和算法只是不断逼近这个上限而已。"在机器学习应用中，特征工程介于"数据"和"模型"之间，是使用数据的专业领域知识为机器学习算法工作服务的过程。美国计算机科学家 Peter Norvig 有两句经典名言："基于大量数据的简单模型胜于基于少量数据的复杂模型"，以及"更多的数据胜于聪明的算法，而好的数据胜于多的数据"。因此，特征工程的前提便是收集足够多的数据，其次则是从大量数据中提取关键信息并表示为模型所需要的形式。合适的特征可以让模型预测更加精准，机器学习应用更有可能成功。

3.1　数据预处理

在真实世界中，数据通常是不完整的(缺少某些感兴趣的属性值)、不一致的(包含代码或者名称的差异)、极易受到噪声(错误或异常值)侵扰的。因为数据量太大，而且数据集经常来自多个异种数据源，低质量的数据将导致低质量的挖掘结果。

数据预处理(data preprocessing)是指在机器学习前对数据进行的系列处理，以保证数据质量能满足数据挖掘的任务。数据预处理技术可以改进数据的质量，从而提高其后挖掘过程的准确率和效率。

3.1.1　空值处理

由于机械和人为原因，数据中可能存在一些空值，增大了系统的不确定性，使机器学习算法陷入混乱，需要给予适当的处理。常见的空值处理方法有：删除、填充、不作处理。

1) 删除

(1) 删除样本。将包含空值的样本删除，从而获得完备的数据。

(2) 删除变量。当某一变量中的空值很多，并且该变量对研究的问题不重要时，可以考虑将该变量删除。

删除法简单易行，在空值占数据量比例小、随机分布的情况下非常有效。但删除法会丢失原本在这些样本、变量中的信息，在空值在数据中占比较大，尤其空值非随机分布时，可能导致数据发生偏离，影响算法的精确度。

2) 填充

这类方法是使用一定的值去填充空值，从而使数据完备化。常用的填充方法如下。

(1) 固定值填充。使用一个全局的值代替空值，即将缺失的属性值用同一个常量(如 UnKnow)替换。但是这种方法只适用于空值不多的情况。

(2) 平均值填充。根据变量特征在简单的中位数、众数、加权算术平均数中选用合适的值来代替缺失值，使替代值尽量接近缺失值，减小误差。对于正常的(对称的)数据分布而言，可以使用均值，而倾斜数据分布应该使用中位数。

(3) 同类平均值填充。使用聚类算法预测含空值样本的类别，再使用同一类别的均值代替缺失值。对于数据的不同分类，分别计算不同类别的均值来代替相应类别的缺失值。

(4) 近似替代。对于包含空值的样本，根据欧几里得距离或者其他度量，在完整数据中找到与其最相似的样本，然后使用近似样本的值来填充空值。或者找到多个近似样本，将它们的值加权平均来估计样本的缺失值。

(5) 模型预测。使用其他变量作为输入，空值作为目标变量建立模型，来预测最为可能的空值。常用的模型有回归、极大似然估计、贝叶斯、决策树等。

(6) 插值。插值法是利用已知点建立合适的插值函数，空值由对应点 x_i 求出的函数值 $f(x_i)$ 近似代替。常用的有拉格朗日插值法和牛顿插值法。

(7) 专家补全。对于少量且具有重要意义的数据，通过行业专家补全。

3) 不作处理

在数据预处理阶段，对含有空值的样本不作任何处理。在后期的数据分析中，很多模型对空值有容忍度或者灵活的处理方式。常见的能够自动处理缺失值的模型包括：K 近邻、决策树和随机森林、神经网络和朴素贝叶斯等。这些模型采用忽略空值、将空值作为特殊变量值的方法来处理空值。

3.1.2　野值处理

野值又称为异常值、离群点。异常数据是数据分布的常态，它显著不同于其他数据样本，与其他数据分布有显著的不同。野值的出现可能是数据质量问题导致的伪异常，也可能是反映了事物的真实发展变化的真异常，所以检测出野值之后必须判断其是否为真正的异常值。异常值检测常用的方法有基于统计模型的方法，还存在根据数据点之间的距离、与数据集主要统计特性的偏离程度，以及根据数据密度的判定方法。

1) 基于统计模型的方法

基于统计模型方法的主要思想是为数据创建一个模型，根据样本拟合模型的情况来评估是否为野值。大部分用于离群点检测的统计学方法都是构建一个概率分布模型，并考虑样本有多大可能符合该模型。一般来说，离群点在数据的概率分布模型中具有低概率。使用这种检验方法的前提是知道数据集服从什么分布。

根据是否假定先验统计模型，统计方法又分为参数方法和非参数方法。其中参数方法假定先验统计模型，包括基于正态分布的一元离群点检测和基于期望最大化的多元离群点检测。非参数方法不假定先验统计模型，从数据本身确定模型，主要包括：直方图分析和核密度估计。模型方法包括基于簇的离群点检测和基于回归模型的离群点检测。

2) 基于距离的方法

基于距离方法的主要思想是基于数据点之间的距离来发现异常样本。该方法不依赖统计检验，而是以距离的大小来检测小模式，将那些没有足够多邻居的点视为异常点。常用的距离有曼哈顿距离和欧几里得距离。

3) 基于偏离的方法

基于偏离方法的主要思想是通过检查数据集的主要特性来确定异常，如果一个样本的特性与给定的描述过分地偏离，则该数据被认为是异常点。基于偏离的方法主要有序列异常技术和在线分析处理(online analytical processing，OLAP)数据立体方法。

4) 基于密度的方法

基于密度方法主要基于离群点是低密度区域中的样本，样本的离群点得分是该样本周围密度的逆。常用的定义密度的方法有，定义密度为到 K 个最近邻的平均距离的倒数，或者是样本在指定距离 d 内邻近样本的个数。

检测出事实上的野值之后就要对它们进行处理，常用处理方法有直接删除、视为缺失值、估算、变换。

(1) 直接删除。直接将含有野值的样本删除。

(2) 视为缺失值。将野值视为缺失值，使用缺失值的处理方法进行处理。

(3) 估算。使用平均值、众数、中值或者回归模型的预测值来替代野值。

(4) 变换。使用取对数或者分箱等方法变换变量来消除野值。

3.1.3　Z-Score 标准化

Z-Score 标准化(Zero-mean normalization)，是将数据集中每个特征变量值减去该数据集的均值，最后再除以标准差得到的。通过它能将不同量级的数据统一转化为同一量级的 Z-score，增强数据的可比性。

其转化函数为

$$x^* = \frac{x - \mu}{\sigma} \tag{3-1}$$

其中，x、x^* 分别为转换前、后的值，μ 为所有样本数据的均值，σ 为所有样本数据的标准差。

Z-Score 标准化方法适用于特征的最大值和最小值未知的情况，或者存在离群点的情况。Z-Score 的优点是简单、容易计算、不受数据量级的影响。缺点是对数据的分布有一定的要求；难以获得总体的均值和标准差，只能使用样本的均值和方差；消除了数据具有的实际意义，Z-Score 只能用于数据间的比较。

3.1.4　Min-Max 归一化

Min-Max 归一化(Min-Max normalization)，又被称为离差标准化，是对原始数据的线性变换，变换后的数据映射到[0,1]。

归一化的转换函数为

$$x^* = \frac{x - \text{MinValue}}{\text{MaxValue} - \text{MinValue}} \tag{3-2}$$

其中，x、x^* 分别为转换前、后的值，MaxValue、MinValue 分别为样本的最大值和最小值。

这种归一化比较适用于数值比较集中的情况，伸缩变换后的数据便于处理，提高了迭代求解的收敛速度，统一了各个特征维度对目标函数的影响权重，让各个特征对结果作出的贡献相同。但这种方法鲁棒性较差，最大值和最小值容易受离群点的影响，只适用于传统精准小数据。

3.2　特　征　选　择

3.2.1　Filter 方法

Filter 方法(过滤式)是一种启发式的特征选择方法，它的基本思想是使用某个标准来衡量特征对目标变量的重要程度或者关联程度，以此对所有特征进行排序。主要的度量标准有 Chi-squared test(卡方检验)、Information-gain(信息增益)、Correlation-coefficientscores(相关系数)。

卡方检验是一种检验两个离散变量之间独立性的方法。基本思想是通过观察实际值和理论值的偏差来确定原假设是否成立。实际计算过程中一般先假设两个变量确实相互独立(原假设)，然后观察实际值与理论值(原假设成立时应该得到的结果)的偏差程度，偏差程度较小时，可以认为误差是自然的样本误差，两个变量确实互相独立；偏差较大时，说明误差不是偶然产生或者测量不准导致的，原假设不成立，两个变量实际是相关的。卡方的计算如式(3-3)所示：

$$\chi^2 = \sum \frac{(A-T)^2}{T} \tag{3-3}$$

其中，A 为实际值，T 为理论值。

信息增益是信息论中的概念，它代表在一个条件下，信息不确定性的减少程度。信息熵表示随机变量的不确定性，熵越高，变量的不确定性越高，计算公式如式(3-4)所示：

$$H(X) = -\sum_{x \in X} p_x \log_2 p_x \tag{3-4}$$

条件熵 $H(X|Y)$ 表示在 X 变量给定条件下，Y 的条件概率分布的熵对 X 的数学期望，计算公式如式(3-5)所示：

$$H(X|Y) = -\sum_{x \in X} \sum_{y \in Y} p_{(x,y)} \log_2 p_{(y|x)} \tag{3-5}$$

信息增益 $\text{IG}(X|Y)$ 即信息熵 $H(X)$ 与条件信息熵 $H(X|Y)$ 的差值。特征带来的信息量越大，对标签的信息增益越大，使得标签的不确定性越小，特征就越重要。

皮尔逊相关系数(Pearson correlation coefficient，PCC)是一种线性相关系数，反映两个变量之间的线性相关程度。皮尔逊相关系数定义为两个变量 X、Y 之间的协方差和两者标准差乘积的比值，计算公式如式(3-6)所示：

$$\rho(X,Y) = \frac{\text{cov}(X,Y)}{\sigma_X \sigma_Y} = \frac{E\big[(X - E[X])(Y - E[Y])\big]}{\sigma_X \sigma_Y} \tag{3-6}$$

皮尔逊相关系数介于 -1 到 1 之间，其绝对值越大代表变量的相关性越强。ρ 等于 0 时，说明两个变量不是线性相关的，但可能存在非线性相关关系；ρ 等于 -1 或 1 时，代表两个变量成正比或反比，所有样本点均落在同一直线上。

3.2.2　拉普拉斯算子方法

1) 算法简介

拉普拉斯算子(Laplacian)方法对训练集样本的特征进行打分然后选择，是一种标准的 Filter 方法。通过这个算法可以对每一个特征计算出一个 Laplacian，然后按得到的分数对特征进行排序，最后再取分数最高的 K 个特征作为最后选择的特征子集。

2) 算法流程

计算 Laplacian 的流程分为 3 个步骤。x_i、x_j 对应原始数据中的样本，算法最终输出每个样本的 Laplacian。

(1) 构建邻接矩阵 G。

a. 对于有监督学习

$$G_{ij} = \begin{cases} 1, & \text{type}(i) = \text{type}(j) \\ 0, & \text{其他} \end{cases} \tag{3-7}$$

b. 对于无监督学习

$$G_{ij} = \begin{cases} 1, & x_i \text{接近} x_j \\ 0, & \text{其他} \end{cases} \tag{3-8}$$

(2) 构造一个权重矩阵 S 表示同类样本间两两距离大小。

$$S_{ij} = \begin{cases} e^{\frac{\|x_i - x_j\|^2}{z}}, & G_{ij} = 1 \\ 0, & \text{其他} \end{cases} \tag{3-9}$$

(3) 计算 Laplacian。

$$L_r = \frac{\sum\limits_{ij}(f_{ri} - f_{rj})^2 S_{ij}}{\text{var}(f_r)} \tag{3-10}$$

其中，z 为合适的常数；L_r 为第 r 个特征的 Laplacian；$f_{ri} - f_{rj}$ 为第 i 个样本和第 j 个样本的第 r 个特征的差值；S_{ij} 为权重矩阵中对应的值(只考虑了同类样本，因为两个异类样本在邻接矩阵 G 中对应的值为 0，它们之间的距离不会被求和)；$\text{var}(f_r)$ 为第 r 个特征在所有样本上的方差。通常好的特征类内差异小，类间差异大，因此倾向于 $|f_{ri} - f_{rj}|$ 小的特征，同时 $\text{var}(f_r)$ 越大越好。L_r 越小，特征越好。

3.2.3 Lasso 算法

1) 算法简介

Lasso 算法(least absolute shrinkage and selectionator operator)[40]，又称为最小绝对收敛和选择算子、套索算法。Lasso 算法的基本思想是在约束回归系数的绝对值之和小于一个常数的条件下，使得残差平方和最小，从而使某些回归系数为 0，达到特征选择的目的。

对于一个线性回归问题，基本的目标是估计回归参数使得误差的平方和最小，这便是最小二乘法(least squares method，LSM)问题。在实际应用中，只使用 LSM 来建立回归模型容易造成过拟合，模型会过分关注噪声。为了避免过拟合，需要在代价函数中加入正则项，其中 Lasso 算法的正则项是对回归系数的 L1 正则化。

Lasso 算法可以使特征的回归系数变小，容易得到稀疏的模型，一部分特征的回归系数直接变为 0，所以 Lasso 算法可以降低模型的复杂度，增强泛化能力。高维数据特征的线性关系往往是稀疏的，使用 Lasso 可以有效找到主要的特征。

2) 算法流程

Lasso 算法分为 5 个步骤。x_i、x_j 对应原始数据中的样本，作为算法的输入。P、K 是算法的超参数。Lasso 算法最终输出回归系数不为零的特征。

(1) 构建样本集的相似度矩阵 W。

当顶点很多的时候，就取最近的 P 个顶点作为近邻点。这里常用构建 W 的方法有：

a. 热核加权法

$$W_{ij} = e^{-\frac{\|x_i - x_j\|^2}{\sigma}} \qquad (3\text{-}11)$$

b. 点积加权法

$$W_{ij} = x_i^T x_j \qquad (3\text{-}12)$$

(2) 构建拉普拉斯矩阵，并计算其特征值与特征向量，构建特征向量空间

$$L = W - D \qquad (3\text{-}13)$$

其中，D 是一个对角矩阵，其对角线上的元素计算方式为 $D_{ii} = \sum_j W_{ij}$。

(3) 求出拉普拉斯矩阵的特征向量，并按照特征值的大小将其所对应的特征向量选出 K 个向量构成矩阵 Y，其中 K 一般跟聚类的个数一样，即

$$L_y = \lambda D_y, \quad Y = [y_1, \cdots, y_K] \qquad (3\text{-}14)$$

(4) 利用 Lasso 原理，在限制 $|a_k|$ 小于某个值时，使得式最小，即

$$\arg\min_{a_k} \|y_k - X^T a_k\|^2 + \beta |a_k| \qquad (3\text{-}15)$$

其中，a_k 是一个 M 维的系数向量，与原始数据的特征数量相同。

(5) 选择 a_k 中非零的系数对应的特征作为特征选择的结果。

3.2.4　方差过滤

1) 算法简介

方差过滤(variance threshold)是一种基本的无监督特征选择方法。特征的方差很小，意味着样本在这个特征上几乎没什么变化，特征的取值几乎不变，那么这个特征对于区分样本没有什么作用。方差过滤方法会移除所有方差不满足某个阈值的特征。

方差阈值和数据集本身的数据分布都会影响到方差过滤的效果。在实际应用中，通常只会使方差阈值为 0 或者很小的数，过滤明显无用的特征，作为特征选择的预处理，再使用其他更好的特征选择方法继续减少特征数量。

2) 算法流程

方差过滤算法分为 2 个步骤。使用原始样本集作为算法的输入。算法最终输

出方差大于阈值的特征。

(1) 计算样本集各个特征的方差。

(2) 去除方差小于阈值的特征，构建新的样本集。

3.2.5　谱特征选择

1) 算法简介

谱特征选择(spectral feature selection，SPEC)是拉普拉斯算子方法的延伸。SPEC 将特征值的分布与样本分布的结构一致性作为特征选择的评价指标，它可以用在无监督或有监督学习中。

2) 算法流程

谱特征选择算法分为 4 个步骤。x_i、x_j 对应原始数据中的样本，作为算法的输入。算法最终输出特征与数据分布的相关性，越大越好。

(1) 构建邻接相似度矩阵 S。

a. 对于有监督学习

$$S_{ij} = \begin{cases} \dfrac{1}{n_l}, & \text{type}(i) = \text{type}(j) \\ 0, & \text{其他} \end{cases} \tag{3-16}$$

其中，n_l 是数据集中 l 类样本的数量。

b. 对于无监督学习

$$S_{ij} = e^{-\frac{\|x_i - x_j\|^2}{2\sigma}} \tag{3-17}$$

(2) 构建对角矩阵

$$D_{ij} = \sum_{j=1}^{n} S_{ij} \tag{3-18}$$

(3) 计算归一化的拉普拉斯矩阵

$$L_{\text{norm}} = D^{\frac{1}{2}}(D - S)D^{\frac{1}{2}} \tag{3-19}$$

(4) 计算特征的相关度

$$\text{SPEC Score}(f_i) = \sum_{j=1}^{m} \alpha_j^2 \gamma(\lambda_j) \tag{3-20}$$

其中，(λ_j, ξ_j) 是第 j 个 L_{norm} 的特征根；$\alpha_j = \cos\theta_j$，θ_j 是 ξ_j 与 f_j 之间的角度；$\gamma(\cdot)$ 是特征的高频分量的惩罚函数，数据无噪声时可以去除或者令 $\gamma(x) = x$。

3.2.6　多簇特征选择

1) 算法简介

多簇特征选择(multi cluster feature selection，MCFS)是一种采用了稀疏学习技术的无监督特征选择方法。在没有类标签的情况下，MCFS 根据多簇结构选择特征，并使用谱分析技术计算特征之间的相关性。

2) 算法流程

多簇特征选择算法分为 6 个步骤。x_i、x_j 对应原始数据中的样本，作为算法的输入，K 是算法的超参数。算法最终输出特征 MCFS 分数，分数越高，特征之间的相关性越强。

(1) 构造 K 近邻图，获取邻接矩阵

$$S_{ij} = e^{\frac{\left\| x_i - x_j \right\|^2}{\sigma}} \tag{3-21}$$

其中，x_i 和 x_j 是 K 最近邻图中的相邻样本。

(2) 构建对角度矩阵

$$D_{ij} = \sum_{j=1}^{n} S_{ij} \tag{3-22}$$

(3) 构建拉普拉斯矩阵

$$L = W - D \tag{3-23}$$

(4) 对特征值问题求解，计算数据流形结构在平面上的嵌入结构

$$Le = \lambda De \tag{3-24}$$

其中，$E = \{e_1, e_2, \cdots, e_K\}$ 表示 K 个最小特征值。

(5) 对每个特征值 e_i，最小化目标函数

$$\min_{w_i} \left\| Xw_i - e_i \right\| \tag{3-25}$$

(6) 对每个特征，计算 MCFS 分数

$$\text{MCFS}(j) = \max_j \left| w_{i,j} \right| \tag{3-26}$$

3.3　特　征　抽　取

3.3.1　主分量分析

1) 算法简介

主分量分析(principal component analysis，PCA)，又称主成分分析，是一种

常见的特征抽取方式，可以对高维数据降维，提取数据的主要特征分量。PCA的主要思想是通过线性变换，使得数据中的信息尽可能地分布在较少数量的维度上，从而抛弃信息量较少的维度，达到数据降维的目的。

PCA 降维的目标是寻找 K 个新变量，使这些新变量包含数据的主要信息，压缩原有数据集矩阵的大小，降低数据的维度，用尽可能少的维度来包含尽可能多的信息量。PCA 降维得到的每个新变量都是原始变量的线性组合，体现了原始变量的联合效果，具有一定的实际意义。这 K 个新变量又被称为"主成分"，它们很大程度上反映了原始变量所包含的信息，但这 K 个变量彼此之间互不相关，是正交的。通过 PCA 降维压缩数据维度，可以将多维数据的特征在低维空间中直观地表示出来。

PCA 通过线性变换把数据变换到一个新的特征空间中，使得数据投影的第一大方差在第一个坐标(称为第一主成分)上，第二大方差在第二个坐标(第二主成分)上，以此类推。主成分分析能减少数据的维数，同时保留数据集的主要信息。这是通过保留低阶主成分，忽略高阶主成分做到的。低阶成分往往包含数据的最重要信息。高阶主成分往往与噪声相关，抛弃高阶主成分能起到降噪的效果。PCA 降维后获得的新数据的各特征相互独立。

PCA 的缺点是：①缺乏解释性，新的特征是原始特征的线性组合；②原始特征高度相关时，PCA 的结果不稳定；③对离群点敏感，离群点对方差有较大的影响。

2) 算法流程

PCA算法分为 5 个步骤。x_i 对应原始数据中的样本，X 是原始样本集，作为算法的输入。K 是算法的超参数，对应数据集降维后的维度。算法最终输出降维后的新数据集 X^*。

设有样本集 $D = \{x_1, x_2 \cdots, x_N\}$，具体变换步骤如下。

(1) 对所有样本进行零均值化

$$x_i = x_i - \frac{1}{N}\sum_{i=1}^{N} x_i \tag{3-27}$$

(2) 计算所有样本的协方差矩阵

$$S = \frac{1}{m} XX^{\mathrm{T}} \tag{3-28}$$

(3) 计算协方差矩阵 S 的特征向量 $e_1, e_2, \cdots, e_N$ 和特征值。

(4) 对特征值从大到小排序，选择其中最大的 K 个。然后将其对应的 K 个特征向量分别作为行向量组成特征向量矩阵 P。

(5) 将数据转换到 K 个特征向量构建的新空间中

$$X^* = PX \tag{3-29}$$

3.3.2　独立成分分析

1) 算法简介

独立成分分析(independent component analysis，ICA)是一种在统计数据中寻找隐藏信息或者分量的方法[41]。ICA 首先被提出用于解决盲信源问题，它假设自分量是高斯信号，并且在统计上彼此独立。

与 PCA 相同，ICA 实际上也是对数据在原有特征空间中做线性变换。不同的是 ICA 认为所有成分的重要性相同，线性变换的目标是找到一个线性变换使得转换后的结果具有最强的独立性。ICA 是基于高阶统计特性的统计方法，更符合实际应用。

2) 算法流程

ICA 算法分为 8 个步骤。X 是原始样本集，作为算法的输入。m 是算法的超参数，对应数据集降维后的维度。算法最终输出 m 个独立成分 W_p，构成新数据集。

(1) 对输入数据进行中心化和白化预处理

$$X^* = X - u \tag{3-30}$$

$$Z = W_z X^* \tag{3-31}$$

$$W_z = E D^{-\frac{1}{2}} E^{\mathrm{T}} \tag{3-32}$$

其中，u 为样本的均值；X、X^* 分别为中心化前、后的数据；Z 为白化后的数据；E 为 XX^{T} 的特征向量组成的正交矩阵；D 为它的特征值组成的对角矩阵。

(2) 选择需要估计的分量个数 m，设置迭代次数 $p = 1$。

(3) 随机生成一个初始权矢量 W_p。

(4) 更新 W_p，即

$$W_p = E\{Zg(W_p^{\mathrm{T}} Z)\} - E\{g'(W_p^{\mathrm{T}} Z)\}W \tag{3-33}$$

(5) 计算 W_p，即

$$W_p = W_p - \sum_{j=0}^{p-1} (W_p^{\mathrm{T}} W_J) W_p \tag{3-34}$$

(6) 正则化 W_p，即

$$W_p = \frac{W_p}{\|W_p\|} \tag{3-35}$$

(7) 如果 W_p 不收敛，则返回第(4)步。

(8) 令 $p = p + 1$，$p < m$ 时，返回第(3)步。

3.3.3 局部保持投影算法

1) 算法简介

局部保持映射(locality preserving projection，LPP)算法[42]是非线性降维方法的线性化。流形是指高维样本空间中呈现的一种低纬度的局部性结构。LPP 构建样本空间中各样本对之间的远近关系，并在投影中保持流形，在降维的同时保留样本的局部邻域结构，即在低维空间中最小化近邻样本间的距离加权平方和，避免样本集的发散，保持原来的远近结构。

设投影过后的样本为 y_i，式(3-36)为 LPP 算法的目标函数。

$$\min_w \frac{1}{2} \sum_{i,j} (y_i - y_i)^2 S_{ij} \tag{3-36}$$

其中，$S = [S_{ij}]$ 是一个权值矩阵，它代表了两样本之间的关系，矩阵内部元素定义为

$$S_{ij} = \begin{cases} \exp\left(-\|x_i - x_j\|^2 / t\right), & \text{样本} x_i \text{在样本} x_j \text{的} K \text{近邻邻域内或者样本} x_j \text{在样本} x_i \text{的} K \text{近邻邻域内} \\ 0, & \text{其他} \end{cases} \tag{3-37}$$

其中，参数 t 等于总体样本分方差。

在计算权值矩阵 S 时，对样本的 K 个近邻赋予非零权值，对其他样本赋予零权值。通过这样做可以达到在投影中保留样本的局部领域结构(流形)的目的。

2) 算法流程

LPP 算法分为 5 个步骤。x_i 对应原始数据中的样本，X 是原始样本集，作为算法的输入。d 是算法的超参数，对应数据集降维后的维度。算法最终输出特征向量构成的新数据集。

(1) 假设有 n 个 K 维训练样本，$X_1, X_2, \cdots, X_n$ 构成矩阵 X，样本有 C 个类别。构造一个 $N \times N$ 的权重矩阵

$$W_{ij} = \begin{cases} 1, & \text{type}(i) = \text{type}(j) \\ 0, & \text{其他} \end{cases} \tag{3-38}$$

(2) 构造一个对角矩阵 D，其中 D_{ii} 等于 W 矩阵中第 i 行或者第 i 列的和(W 为对称阵)。

(3) 构造拉普拉斯矩阵

$$L = D - W \tag{3-39}$$

(4) 令 X' 为 X 的转置矩阵，求解 $XLX'a = kXDX'a$。求特征值 K 和特征向量 a。

(5) 求出特征值后，按特征值从大到小排列，选择前 d 个特征值对应的特征向量，将 n 维数据降至 d 维。

3.3.4　局部线性嵌入

1) 算法简介

局部线性嵌入(locally linear embedding，LLE)[43]是一种用于降维的流行学习。LLE 在降维时保持样本局部的线性特征，广泛应用于图像识别、高维数据可视化等领域。

流行学习算法中保持局部特征的方法很多，如等距映射(ISOMAP)的目标是在降维后保持样本之间的测地距离，而不是一般的欧几里得距离。但等距映射算法需要寻找所有样本的全局最优解，在数据量较大，特征维度较多时计算很耗时。LLE 放弃寻找所有样本的全局最优解，只保证局部最优，同时假设样本在局部满足线性关系来减少计算量。

LLE 的基本思想是：假设数据样本在较小的局部是线性的，某一个样本点可以用它邻域中的其他样本点来线性表示。在通过 LLE 降维后，样本点在低维空间中的投影也保持相同的线性关系。

LLE 寻找样本的 K 个最近邻后，需要计算它们之间的线性关系，也就是线性关系的权重系数，这是一个回归问题，可以使用均方差作为损失函数，即

$$J(w) = \sum_{i=1}^{m} \left\| x_i - \sum_{j \in Q(i)} w_{ij} x_j \right\|^2 \tag{3-40}$$

其中，$Q(i)$ 表示 x_i 的 K 个最近邻样本集合，权重系数之和 $\sum_{j \in Q(i)} w_{ij}$ 为 1。

在低维空间中的映射结果 y 需要保持线性关系，使对应的均方差损失函数最小，即

$$J(Y) = \sum_{i=1}^{m} \left\| y_i - \sum_{j=1}^{k} w_{ij} y_j \right\|^2 \tag{3-41}$$

2) 算法流程

LLE 算法分为 5 个步骤。x_i 是原始数据中的样本，作为算法的输入。K 是算法的超参数。算法最终输出特征向量矩阵作为新数据集。

(1) 使用欧几里得距离作为度量，为每个数据点 x_i 找 K 个最近邻 x_{iK}。

(2) 对每个数据点求它与 K 个最近邻的线性关系，通过最小化均方差损失函数，得到线性关系权重系数

$$W_i = \frac{Z_i^{-1} 1_k}{1_k^T Z_i^{-1} 1_k} \tag{3-42}$$

$$Z_i = (x_i - x_{i1}, x_i - x_{i2}, \cdots, x_i - x_{ik})(x_i - x_{i1}, x_i - x_{i2}, \cdots, x_i - x_{ik})^T \tag{3-43}$$

(3) 将权重系数 w_i 组成权重系数矩阵 W，计算矩阵 M，即

$$M = (I - W)(I - W)^T \tag{3-44}$$

(4) 计算矩阵 M 的前 $d+1$ 个特征值和对应的特征向量。

(5) 由第 2 个特征向量到第 $d+1$ 个特征向量构成的矩阵即为降维后的样本集矩阵。

3.3.5　奇异值分解

1) 算法简介

奇异值分解(singular value decomposition，SVD)是线性代数中一种重要的矩阵分解方法，主要应用在信号处理、统计学等领域。奇异值分解可以将一个复杂矩阵分解为几个结构相对简单的子矩阵的乘积，这些子矩阵描述原有复杂矩阵的重要特征。

奇异值分解将矩阵 A 分解为三个子矩阵：U、Σ、V，它们的关系如下：

$$A = U \Sigma V^T \tag{3-45}$$

其中，左奇异矩阵 U 是 $m \times m$ 维的标准正交矩阵，即实对称矩阵；奇异值矩阵 Σ 是一个 $m \times n$ 维的对角矩阵，主对角线上的值为奇异值，其余元素均为 0；右奇异矩阵 V 是 $n \times n$ 维的标准正交矩阵。

不同于特征值分解只能分解方阵，奇异值分解可以应用于任意大小的矩阵。与特征值相似，奇异值在奇异值矩阵 Σ 中，也按照从大到小排序，在一般情况下，前 10%奇异值之和就大于所有奇异值之和的 99%。由此，可以选择最大的 K 个奇异值及其左右奇异向量来近似描述原有的复杂矩阵。左奇异矩阵可以用于压缩矩阵的行数，右奇异矩阵可以用于列数即特征维度的压缩。

$$A = U \Sigma V^T \approx U_{m \times k} \Sigma_{k \times k} V_{k \times n}^T \tag{3-46}$$

2) 算法流程

SVD 算法分为 6 个步骤。A 是原始样本集，作为算法的输入。K 是算法的超参数，对应数据集降维后的维度。算法最终输出变换后的新数据集 A^*。

(1) 计算 $A^T A$、$A A^T$；

(2) 对 $A^T A$ 进行特征值分解，将得到的特征向量 v_i 按行排列，得到右奇异矩阵 V；

(3) 对 AA^T 进行特征值分解，将得到的特征向量 u_i 按列排列，得到左奇异矩阵 Σ；

(4) 计算奇异值

$$\sigma_i = \frac{Av_i}{u_i} \tag{3-47}$$

(5) 选择 K 个奇异值 σ_i 最大的 v_i 构造矩阵 U；

(6) 使用矩阵 U 构造降维后的新数据 A^*，即

$$A^*_{m \times k} = A_{m \times n} U^T_{k \times n} \tag{3-48}$$

3.3.6　t-SNE

1) 算法简介

t-SNE(t-distributed stochastic neighbor embedding)是由 SNE(distributed stochastic neighbor embedding)衍生出的一种流形学习方法。t-SNE 的基本思想是：在高维空间中相似的样本，映射到低维空间应该也是相似的。

SNE 将样本之间的相似度转化为条件概率。假设高维空间中存在两个数据点 x_i 和 x_j，x_i 选择 x_j 作为它的临近点的条件概率为 $p_{j|i}$。假设高维空间的样本分布是以 x_i 为中心的高斯分布，x_i 和 x_j 的距离越近，$p_{j|i}$ 越大。可以定义 $p_{j|i}$ 如下：

$$p_{j|i} = \frac{\exp\left(-\dfrac{\|x_i - x_j\|^2}{2\sigma_i^2}\right)}{\sum_{k \neq i}\exp\left(-\dfrac{\|x_i - x_k\|^2}{2\sigma_i^2}\right)} \tag{3-49}$$

把数据映射到低维空间后，高维数据点之间的相似性在低维空间应保持一致。假设数据点 x_i 和 x_j 在低维空间中的映射分别为 y_i 和 y_j，低维空间中的条件概率用 $q_{j|i}$ 表示。假设低维空间的数据分布为高斯分布，定义 $q_{j|i}$ 如下：

$$q_{j|i} = \frac{\exp\left(-\|y_i - y_j\|^2\right)}{\sum_{k \neq i}\exp\left(-\|y_i - y_k\|^2\right)} \tag{3-50}$$

再使用 Kullback-Leibler(KL)距离衡量两个分布之间的相似性，SNE 的最终目标是对所有数据最小化 KL 距离，代价函数为

$$C = \sum_i \mathrm{KL}(P_i \| Q_i) = \sum_i \sum_j p_{j|i} \log \frac{p_{j|i}}{q_{j|i}} \tag{3-51}$$

t-SNE 在 SNE 基础上作了两个改进。在原始的 SNE 中，$p_{j|i}$ 和 $p_{i|j}$ 不相等，映射的 $q_{j|i}$ 和 $q_{i|j}$ 也不相等，对其对称化，提出定义如下：

$$p_{ij} = \frac{p_{j|i} + q_{j|i}}{2n} \tag{3-52}$$

假设低维空间中数据点的分布为 t 分布，定义 q_{ij} 如下：

$$q_{ij} = \frac{\left(1 + \|y_i - y_j\|^2\right)^{-1}}{\sum\limits_{k \neq l}\left(1 + \|y_k - y_l\|^2\right)^{-1}} \tag{3-53}$$

t-SNE 仍然使用 KL 距离作为损失函数。使用随机梯度下降算法求解，梯度为

$$\frac{\mathrm{d}C}{\mathrm{d}y_i} = 4\sum_{j}(p_{ij} - q_{ij})(y_i - y_j)\left(1 + \|y_i - y_j\|^2\right)^{-1} \tag{3-54}$$

2) 算法流程

t-SNE 算法分为 7 个步骤。x_i、x_j 对应原始数据中的样本，X 是原始样本集，作为算法的输入。y_i 是维度大小，对应数据集降维后的维度。算法最终输出映射变换后的新数据集 Y。

(1) 根据数据集计算条件概率 $p_{j|i}$；

(2) 计算 p_{ij}；

(3) 随机初始化低维数据集 Y；

(4) 计算低维数据集的 q_{ij}；

(5) 计算 y_i 的梯度 $\dfrac{\mathrm{d}C}{\mathrm{d}y_i}$；

(6) 更新低维数据集

$$Y^t = Y^{t-1} + \eta\frac{\mathrm{d}C}{\mathrm{d}Y} + \alpha(t)(Y^{t-1} - Y^{t-2}) \tag{3-55}$$

(7) 重复步骤(4)~(6)，直到迭代次数 t 达到设定值。

3.3.7　非负矩阵分解

1) 算法简介

非负矩阵分解(non-negative matrix factorization，NMF)是在矩阵中所有元素均为非负数条件下的矩阵分解方法。传统的矩阵分解方法如主成分分析(PCA)、独立成分分析(ICA)、奇异值分解(SVD)、矢量量化(VQ)等，可以将原始的大矩阵 V 近似分解为低秩的矩阵形式 $V = WH$。但这些方法分解得到的 W、H 矩阵中

可能存在负数，即使原始矩阵 V 中矩阵元素全为正数，也不能保证分解结果的非负性。从数学角度来看，分解结果中存在负数是正常的，但负数在实际问题中往往没有实际意义，如图像像素点、文档统计。

非负矩阵分解的基本思想是：任意给定一个非负矩阵 V，寻找到一个非负矩阵 W 和非负矩阵 H，使得 $V \approx WH$。原始矩阵 V 的列向量可以解释为矩阵 W 中所有列向量的加权和，权重系数为矩阵 H 中对应列向量的元素，所以称 W 为基矩阵，H 为系数矩阵。一般情况下系数矩阵 H 的秩小于原始矩阵 V，使用系数矩阵 H 来表示数据，就可以实现对原始矩阵的降维操作。

非负矩阵分解的求解过程是最优化问题，通过乘性迭代的方式求解 W 和 H，一般目标为欧几里得距离和 KL 散度。

a. 欧几里得距离

$$\|V - WH\|^2 = \sum_{i,j}(V_{i,j} - (WH)_{i,j})^2 \tag{3-56}$$

b. KL 散度

$$D(V \| WH) = \sum_{i,j}\left(V_{i,j}\log\frac{V_{i,j}}{(WH)_{i,j}} - V_{i,j} + (WH)_{i,j}\right) \tag{3-57}$$

2）算法流程

NMF 算法分为 5 个步骤。V 是原始样本集，作为算法的输入。p 是算法的超参数，对应算法的迭代次数。算法最终输出系数矩阵 H 作为降维后的新数据集。

(1) 随机生成非负矩阵 W、H，对 W 的每一列做归一化；

(2) 固定基矩阵 W，更新系数矩阵 H

$$H_{k,j} = H_{k,j}\frac{(W^{\mathrm{T}}V)_{k,j}}{(W^{\mathrm{T}}WH)_{k,j}} \tag{3-58}$$

(3) 固定系数矩阵 H，更新基矩阵 W

$$W_{i,k} = W_{i,k}\frac{(VH^{\mathrm{T}})_{i,k}}{(WHH^{\mathrm{T}})_{i,k}} \tag{3-59}$$

(4) 重新对基矩阵 W 进行列归一化；

(5) 重复步骤(2)~(4)，直到达到最大迭代次数 p 或者精度达到阈值。

3.3.8　领域保持嵌入算法

1）算法简介

邻域保持嵌入(neighborhood preserving embedding，NPE)算法[43]是一种特征抽取(降维)算法，不同于 PCA 专注于保持全局的欧几里得空间结构，NPE 算法注重于保持数据邻域的流形结构，认为每个数据点都能由邻域中的点来表示。

邻域保持嵌入算法从本质上说是局部线性嵌入(LLE)的线性逼近。对数据集 X，NPE 采用与 LLE 相同的方法构建数据集上的近邻图。NPE 假定每个局部近邻都是线性的。因此，每个数据点 x_i 可以通过它的 K 个最近邻线性重构，重构损失函数为

$$\min \sum_i \left\| x_i - \sum_j W_{ij} x_j \right\|^2 \tag{3-60}$$

其中，$\sum_j W_{ij} = 1, j = 1, 2, \cdots, m$。

最小化重构损失函数，可以求解出近邻图重构权重系数矩阵 W。算法假设，如果 W_{ij} 能在 RD 空间里重构数据点 x_i，则它也可以在 RD 空间中重构对应的点 y_i，因此，嵌入映射变换矩阵 A 可以通过求解下面的广义特征向量问题得到：

$$XMX^{\mathrm{T}}\alpha = \lambda XX^{\mathrm{T}}\alpha \tag{3-61}$$

其中

$$X = \{x_1, \cdots, x_m\} \tag{3-62}$$

$$M = (I - W)^{\mathrm{T}}(I - W) \tag{3-63}$$

$$I = \mathrm{diag}(1, \cdots, 1) \tag{3-64}$$

2) 算法流程

NPE 算法分为 3 个步骤。x_i、x_j 对应原始数据中的样本，X 是原始样本集，作为算法的输入。d 是算法的超参数，对应数据集降维后的维度。算法最终输出映射变换后的新数据集 Y。

(1) 创建邻接图。

每条数据表示为图上的一个点，第 i 个节点对应数据点 x_i，有两种创建邻接图的方法：①K 近邻，如果 x_j 在 x_i 的 K 个近邻中，则从节点 i 到节点 j 画一条有向边；②ϵ 近邻，如果节点 i 和节点 j 满足 $\|x_j - x_i\| \leqslant \epsilon$，则在 i 和 j 中间画一条边。

第一种创建的图是有向图，而第二种是无向图。

(2) 计算权重矩阵

$$W_{ij} = \mathrm{e}^{-\frac{\|x_i - x_j\|^2}{t}} \tag{3-65}$$

其中，W_{ij} 表示数据点 i 和数据点 j 之间的权重值，$t \in R$。

(3) 计算投影

$$Y = A^{\mathrm{T}}X \tag{3-66}$$

在这一步计算线性投影，通过求解上面的广义特征向量问题得到。将求得的特征向量按照特征值从小到大排序，d 个特征向量组成了嵌入映射变换矩阵 A。$A = (a_0, a_1, \cdots, a_{d-1})$。

3.4　特征工程在 H6 上的应用

3.4.1　H6 地震属性数据

本书使用 OpenDect 软件在 H6 地震体数据中进行地震属性提取。本书选取了 15 个地震属性进行提取，并将这些属性命名为 Attributes-15，具体的地震属性信息如表 3-1 所示。由 2.2.1 节可知 F3 地震数据分为训练集和测试集两个体数据，为了更充分地利用这些数据，本书从两个维度对这些数据进行地震属性提取。

表 3-1　Attributes-15

属性	意义
Energy	能量属性
Event	特定事件次数
EventFrenquency	特定事件频率
Frequency	频率属性
Instantaneous	瞬时属性
Position	返回特定值坐标
Pseudorelief	生成伪地形
SampleValue	属性本身
Semblance	多道一致性属性
Similarity	相似性属性
SpectralDecomposition	谱分解属性
VolumeStatistics	立方体统计属性
Convolve	属性过滤
Scaling	属性缩放
Texture	纹理属性

H6 数据相对较为完整且数量较少，对这个剖面进行地震属性提取并删除其

中的异常值，共有 421300 个点。从单一地震剖面提取的地震属性数据集命名为 SectionDataSet，其具体各类样本数如表 3-2 所示。

表 3-2　SectionDataSet 各类样本数

	第 1 类	第 2 类	第 3 类	第 4 类	第 5 类	第 6 类	总计
数目	83550	63419	52556	89217	63427	69131	421300

3.4.2　降维属性可视化

　　为了可视化对比属性在降维前后的差异，本书展示了 Attributes-15 各个属性降维前后的彩色图和统计图，如图 3-1～图 3-10 所示，其中图 3-1 是原始属性彩色图，图 3-3、图 3-5、图 3-7、图 3-9 为经过 TruncatedSVD、FastICA、PCA、NMF 四种降维方法后的结果彩色图。而图 3-2、图 3-4、图 3-6、图 3-8、图 3-10 为上述彩色图的统计图。

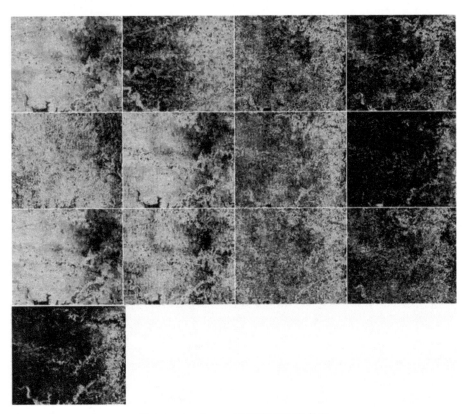

图 3-1　Attributes-15 原始属性彩色图

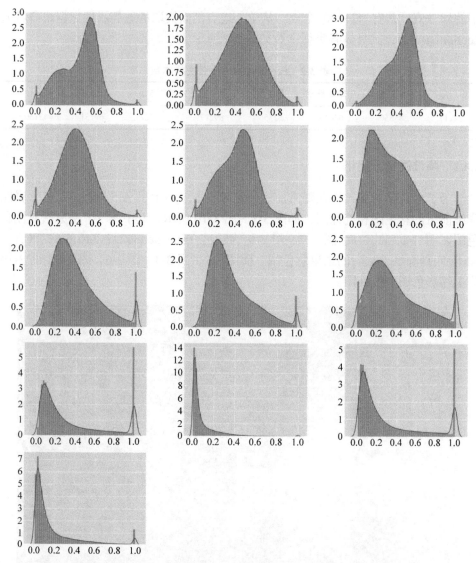

图 3-2　Attributes-15 原始属性统计图(横坐标：概率；纵坐标：y 值)

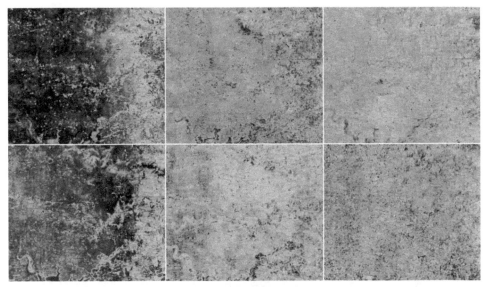

图 3-3 TruncatedSVD 降维后属性彩色图

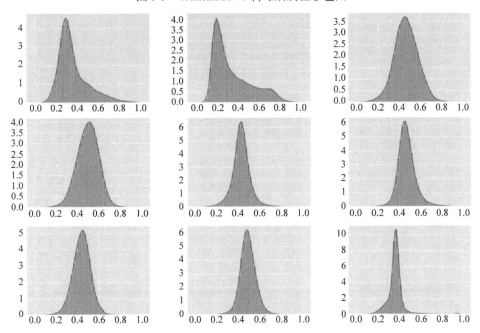

图 3-4 TruncatedSVD 降维后属性统计图(横坐标：概率；纵坐标：y 值)

图 3-5 FastICA 降维后属性彩色图

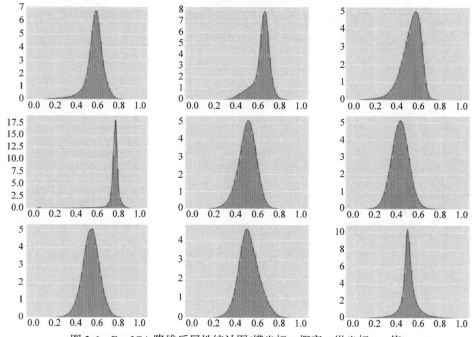

图 3-6 FastICA 降维后属性统计图(横坐标：概率；纵坐标：y 值)

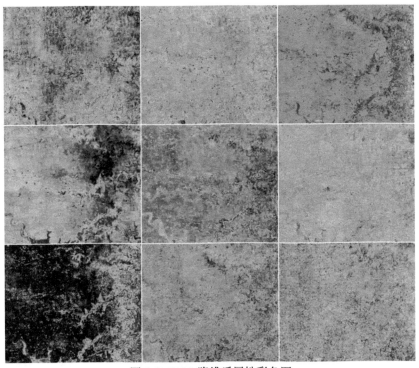

图 3-7　PCA 降维后属性彩色图

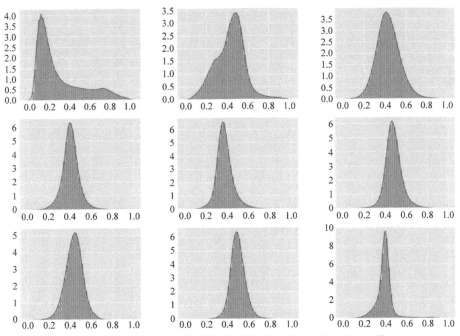

图 3-8　PCA 降维后属性统计图(横坐标：概率；纵坐标：y 值)

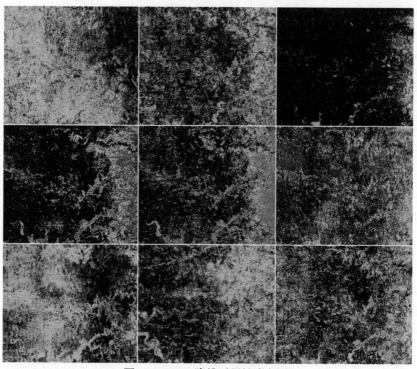

图 3-9　NMF 降维后属性彩色图

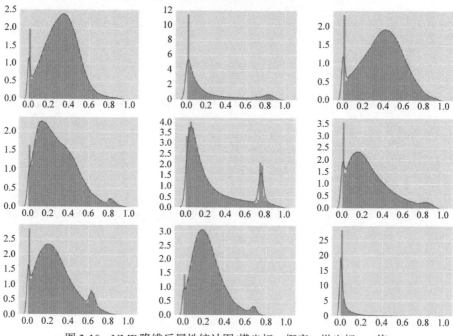

图 3-10　NMF 降维后属性统计图(横坐标：概率；纵坐标：y 值)

3.5　本 章 小 结

本章主要介绍了特征工程的相关概念和算法，以及特征工程在地震数据上的应用。特征工程可以分为数据预处理、特征选择和特征抽取等部分。

数据预处理是指在机器学习前对数据进行的一些处理，以保证数据质量能满足数据挖掘的任务，本章对空值处理、野值处理、Z-Score 标准化和 Min-Max 归一化等经典数据预处理操作进行了介绍。

特征选择是指从原始特征中选出部分对机器学习最有效的特征，降低特征维度以提高机器学习的效率和质量，本章对 Filter 方法、拉普拉斯算子方法、Lasso 方法等特征选择中的经典算法进行了介绍。

特征抽取是指将原始特征通过某种变换得到维度更小的特征集合，本章对主分量分析、独立成分分析、局部保持投影算法、局部线性嵌入、奇异值分解、t-SNE、非负矩阵分解和领域保持嵌入算法等经典特征抽取算法进行了介绍。

本章最后在地震数据上对上述数据预处理方法进行了实践。

第4章　典型无监督机器学习算法原理与应用

根据数据是否有标签信息，算法可以被分为有监督学习算法和无监督学习算法。因为很难获取有标签的数据，所以数据大多都是无标签的，无监督学习算法在数据挖掘中承担着重要的角色。聚类分析是无监督学习的重要组成部分，比分类更为困难和具有挑战性，主要目标是开发一种可以识别未标记数据中自然分组的技术。聚类分析在各个领域都发挥了重要的作用，例如，在石油勘探中，通过聚类分析可以识别地质中的不同成分，进而帮助勘探人员发现油田；在医学领域中，可以辅助医生诊断病情；在生物学领域，可以辅助科研人员进行蛋白质结构预测；在金融领域，可以帮助金融工作者了解市场行情，为金融决策提供支持。

4.1　K 均值

4.1.1　算法简介

K 均值算法[44]是基于距离的非层次聚类算法。K 均值算法假设数据之间的相似度与它们的距离成反比，采用距离作为相似性的评价指标，即认为两个对象的距离越近，其相似度就越大。簇是由距离靠近的对象组成的，把得到紧凑且独立的簇作为最终目标。假设需要将数据 $D = \{x_1, x_2, \cdots, x_n\}$ 聚类为 K 个簇 $C = \{C_1, C_2, \cdots, C_k\}$，$\mu_i$ 为簇 C_i 的中心点，使用欧几里得距离时，算法的最小化损失函数如下：

$$J = \sum_{i=1}^{k} \sum_{x \in C_i} \|x - \mu_i\|^2 \tag{4-1}$$

K 个初始聚类中心点的选取对 K 均值聚类结果具有较大的影响，因为算法第一步是随机选取任意 K 个样本作为初始聚类的中心，获得 K 个簇。算法对数据集中剩余的每个对象，根据其与各个簇中心的距离将每个对象重新赋给最近的簇。当考察完所有数据对象后，一次迭代运算完成，新的聚类中心被计算出来。如果在某次迭代中新计算出来的聚类中心和原来的聚类中心之间的距离小于某一个设置的阈值，说明算法已经收敛。

4.1.2　算法流程

K 均值算法分为 6 个步骤。x_i 是原始数据中的样本，D 是原始样本集，作为算法的输入。K是算法的超参数。算法最终输出簇划分C。具体流程如下：

输入：样本集$D = (x_1, x_2, \cdots, x_n)$，簇数$K$

输出：簇划分$C = \{C_1, C_2, \cdots, C_k\}$

(1) 确定一个K值，即数据集经过聚类将得到K个集合；

(2) 从数据集中随机选择K个数据点作为聚类中心；

(3) 计算数据集中每一个点与每一个聚类中心的距离(如欧几里得距离、余弦距离)，将其划分到距离最近的聚类中心所属的簇；

(4) 把所有数据分配完，重新计算每个簇的聚类中心；

(5) 如果新计算出来的聚类中心和原来的聚类中心之间的距离小于某一个设置的阈值，或者达到最大迭代次数，算法终止；

(6) 如果新聚类中心和原聚类中心距离变化很大，需要重复步骤(3)～(5)。

4.1.3 算法优缺点

K均值算法的优点：①原理简单，实现容易，收敛速度快；②当簇的形状是凸面的、簇间差异较大、簇大小相似时聚类效果好；③参数少，主要需要调节的参数只有簇数K。

K均值算法的缺点：①K值需要预先给定，很多情况下K值的估计是非常困难的；②K均值算法对初始选取的聚类中心点敏感，不同的初始聚类中心点得到的聚类结果可能差异较大，对结果影响很大；③对噪声和异常点比较敏感；④使用迭代方法求解，经常只能得到局部的最优解，而无法得到全局的最优解；⑤不适用于非凸面形状簇，簇大小差别较大的时候聚类效果不好。

4.2 谱 聚 类

4.2.1 算法简介

谱聚类(spectral clustering)是一种源于图论的聚类方法[45]，它的主要思想是将带权无向图划分为两个或两个以上最优子图，使子图内部距离尽量较近，子图之间距离尽量较远。

谱聚类利用了谱图切分的理论。首先把数据转化为图，所有的数据都看作空间中的点，点之间用边连接起来，每条边的权重代表两个数据之间的关联程度，权重越大，点之间的关联程度越高，即点之间的距离近。随后对这个图进行切分，聚类转化为谱图分割问题。切割的标准有：Minimum-cut、Normalized-cot、MultiwayNormalized-cut。切图的目标是使不同子图间边的权重和尽可能小，子图内部边的权重和尽可能大，即子图间距离尽量远，子图内距离尽量近。谱图分割得到的每个子图就是一个簇。

4.2.2　算法流程

谱聚类算法分为 7 个步骤。D 是原始数据，作为算法的输入。k_1、k_2 是算法的超参数。算法最终输出簇划分 C。具体流程如下：

输入：样本集 $D=(x_1,x_2,\cdots,x_n)$，相似矩阵的生成方式，降维后的维度 k_1，聚类方法，聚类后的维度 k_2

输出：簇划分 $C=\{C_1,C_2,\cdots,C_{k_2}\}$

(1) 根据输入的相似矩阵的生成方式构建样本的相似矩阵 S；

(2) 根据相似矩阵 S 构建邻接矩阵 W，构建度矩阵 D；

(3) 计算出拉普拉斯矩阵 $L=D-W$；

(4) 构建标准化后的拉普拉斯矩阵 $L_{sym}=D^{-1/2}LD^{-1/2}$；

(5) 计算 L_{sym} 最小的 k_1 个特征值所各自对应的特征向量 f；

(6) 将各自对应的特征向量 f 组成的矩阵按行标准化，最终组成 $n\times k_1$ 维的特征矩阵 F；

(7) 对 F 中的每一行作为一个 k_1 维的样本，共 n 个样本，用输入的聚类方法进行聚类，聚类维数为 k_2，得到簇划分 $C=\{C_1,C_2,\cdots,C_{k_2}\}$。

4.2.3　算法优缺点

谱聚类算法的优点有：①当聚类的类别个数较少时，谱聚类的效果较好；②谱聚类算法包含特征降维技术，适用于处理高维数据的聚类问题；③谱聚类对稀疏数据聚类效果好，它只需要数据之间的相似度矩阵，而传统的聚类算法在稀疏数据上表现较差；④谱聚类算法有谱图理论作为基础，与传统的聚类算法相比，能在任意形状的样本空间上聚类并收敛得到全局最优解。

谱聚类算法的主要缺点有：①谱聚类降维幅度不够时，算法的运行速度和聚类效果都会较差；②谱聚类的聚类效果取决于相似矩阵，不同的相似矩阵最终的聚类结果可能相差较大；③谱聚类对相似度图的改变和聚类参数的选择非常敏感；④谱聚类适用于均衡数据，要求不同簇点的个数相差不大，当簇之间点数相差较大时，谱聚类效果差。

4.3　模糊 C 均值聚类算法

4.3.1　算法简介

模糊 C 均值(fuzzy C-means，FCM)算法[46]是一种基于目标函数的模糊聚类方法。模糊聚类是指，该算法的聚类界限是模糊的，使用隶属度矩阵来表示每个数据点属于每个类的可能性。不同于 K 均值等硬聚类算法，K 均值聚类中的簇是确定的，隶属度只有两个取值 0 和 1。模糊 C 均值中，每个数据点到每个簇都存在一个隶属度，通过隶属度大小来归类数据点，每个数据点到所有簇的隶属度之和为 1。

模糊 C 均值聚类的流程与 K 均值类似，不同点在于前者在计算点之间的距离时不是直接使用欧几里得距离，而是使用欧几里得距离与隶属度之积。模糊 C 均值聚类算法的思想是：先随机生成每个数据到各个簇的隶属度，然后根据隶属度计算每一个簇的质心，接着对数据点重新进行划分，更新隶属度矩阵，直到质心变化小于阈值。

4.3.2　算法流程

模糊 C 均值算法分为 4 个步骤。x_i 是原始数据中的样本，D 是原始样本集，作为算法的输入。K 是算法的超参数。算法最终输出簇划分 C。具体流程如下：

输入：样本集 $D = (x_1, x_2, \cdots, x_n)$，簇数 K

输出：簇划分 $C = \{C_1, C_2, \cdots, C_k\}$

(1) 选择一个初始模糊伪划分，即对所有的隶属度 W_{ij} 赋值；

(2) 根据模糊伪划分，计算每个簇的质心；

(3) 重新计算模糊伪划分，即 W_{ij}；

(4) 当簇的质心变化小于阈值，算法结束。

4.3.3　算法优缺点

模糊 C 均值算法优点：①算法简单，容易实现；②模糊理论适用范围广，实用性强。

模糊 C 均值算法缺点：①对不均衡数据聚类差，倾向于将数据均分；②不能保证找到全局最优解，可能收敛到局部最优解，甚至是鞍点；③聚类效果依赖于初始隶属度。

4.4　密度聚类算法

4.4.1　算法简介

具有噪声的基于密度的聚类方法(density-based spatial clustering of applications with noise，DBSCAN)[47]是一种密度聚类算法。

与其他聚类方法相比，基于密度的聚类方法可以在包含噪声的数据中发现各种形状和大小的簇，如图 4-1 所示。密度聚类算法假定数据点的类别可以通过分布的紧密程度来确定，同一类别的数据点应该是紧密相连的，在该类数据点周围一定存在同类数据点。把紧密相连的数据点归为一类，就得到了一个簇，对所有紧密相连的样本归类后，就得到了最终聚类的结果。

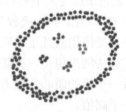

图 4-1　密度聚类结果

DBSCAN 基于邻域来描述数据点的紧密程度，使用参数$(\epsilon，MinPts)$来描述邻域的样本分布紧密程度。其中，ϵ 表示数据点的邻域距离阈值，MinPts 表示离数据距离为 ϵ 的邻域中数据点个数的阈值。

对于一个数据，如果它的 ϵ 邻域中数据个数不小于 MinPts，DBSCAN 就将这个点定义为核心点；如果数据点的 ϵ 邻域中数据点个数小于 MinPts，但是处在其他核心点 ϵ 邻域中，则定义这个点为边界点。除了核心点和边界点外，其他点为噪声点。

DBSCAN 的核心思想是从核心点出发，不断向密度可达的区域生长，最终得到一个包含核心点和边界点的最大化区域，区域中的点都是密度可达的。它将簇定义为密度相连的点最大集合。

4.4.2　算法流程

DBSCAN 算法分为 5 个步骤。x_i 是原始数据中的样本，D 是原始样本集，作为算法的输入。ϵ、MinPts 是算法的超参数。算法最终输出簇划分C。具体流程如下：

输入：样本集 $D = (x_1, x_2, \cdots, x_n)$，半径 ϵ，密度阈值 MinPts

输出：簇划分 $C = \{C_1, C_2, \cdots, C_k\}$

(1) 以每一个数据点 x_i 为圆心，以 ϵ 为半径划分 ϵ 邻域。

(2) 计算每个数据点 ϵ 邻域中的数据点数量，如果数据点的数目超过了密度阈值 MinPts，将该数据点记为核心点。

(3) 核心点 x_i 的 ϵ 邻域内的所有的点，都是 x_i 的直接密度直达。如果 x_j 由 x_i 密度直达，x_k 由 x_j 密度直达，x_n 由 x_k 密度直达，那么 x_n 由 x_i 密度可达。这个性质说明了由密度直达的传递性，可以推导出密度可达。

(4) 如果对于 x_k，使 x_i 和 x_j 都可以由 x_k 密度可达，那么就称 x_i 和 x_j 密度相连。将密度相连的点连接在一起，就形成了聚类簇。

(5) 运行到所有数据点都有类别为止。

4.4.3　算法优缺点

密度聚类算法优点：①对噪声不敏感，在聚类过程中能自动发现异常点，异常点对聚类结果影响小；②能发现任意形状、任意大小的簇，只要密度可达就行；③聚类效果不依赖于数据的遍历顺序；④不需要指定聚类的个数。

密度聚类算法缺点：①对参数的设置敏感，如半径 ϵ、阈值 MinPts；②遇到密度不均匀、分布差异大的数据时，聚类效果差；③数据样本集较大时，收敛时间长。

4.5　高斯混合模型

4.5.1　算法简介

高斯混合模型(Gaussian mixture model，GMM)是由 K 个单高斯模型组合而成的混合模型，使用期望最大化算法训练其参数。

高斯分布(Gaussian distribution)又名正态分布，是一种在自然界广泛存在、最常见的分布方式。一维高斯分布的概率密度函数如下：

$$P(x) = \frac{1}{\sqrt{2\pi}\sigma} \exp\left(-\frac{(x-\mu)^2}{2\sigma^2}\right) \tag{4-2}$$

其中，μ、σ^2 分别是高斯分布的均值和方差。

由于单高斯模型只有一个众数且关于均值对称，有时候不能很好地描述数据分布。高斯混合模型就是对单高斯模型的扩展，理论上只要 K 够大，且权重设置合理，高斯混合模型可以拟合任意分布。高斯混合模型分布的概率分布为

$$P(x) = \sum_{k=1}^{K} p(k)p(x|k) = \sum_{k=1}^{K} \Pi_k N(x|u_k, \Sigma_k) \tag{4-3}$$

其中，$p(x|k)$ 是第 k 个高斯模型的概率密度函数，可以视为该模型产生 x 的概率；$p(k)$ 是第 k 个高斯模型的权重，可以视为选择该模型的先验概率，其总和等于 1；u_k 是各维变量的均值；Σ_k 是协方差矩阵，描述各变量之间的相关度。

设有样本集 $D = \{x_1, x_2, \cdots, x_n\}$。$p(x|u_k, \Sigma_k)$ 是高斯分布的概率函数，表示变量 $X = x_i$ 的概率。假设样本是独立同分布的，则同时抽到这 n 个样本的概率是抽到每个样本概率的乘积，即样本集 D 的联合概率为似然函数。通过对这个联合概率最大化来估计高斯分布的参数，选择最佳的分布模型。高斯混合模型的对数似然函数为

$$\ln L(\mu,\Sigma,\Pi)=\sum_{i=1}^{N}\ln\sum_{k=1}^{K}\Pi_{k}N(x_{i}|u_{k},\Sigma_{k})\tag{4-4}$$

4.5.2　算法流程

高斯混合模型的流程分为 4 个步骤。x_i 是原始数据中的样本，D 是原始样本集，作为算法的输入。k 是算法的超参数，对应高斯混合模型数量。算法最终输出 k 个高斯混合模型。具体流程如下：

输入：样本集 $D=(x_1,x_2,\cdots,x_n)$，高斯模型数 K

输出：高斯混合模型参数 u_k、Σ_k、Π_k

(1) 随机初始化参数；

(2) E-step：根据当前参数，计算每个样本 i 来自子模型 k 的概率

$$P(x|k)=p(k)p(x|k)\tag{4-5}$$

(3) M-step：最大化似然函数，计算新的参数 u_k、Σ_k、Π_k；

(4) 重复步骤(2)～(3)，直至似然函数收敛。

4.5.3　算法优缺点

高斯混合模型优点：①能形成大小和形状不同的簇；②使用少量参数就能描述数据的特征。

高斯混合模型缺点：①计算量较大且收敛速度慢；②分模型数量难以预先确定；③对异常点敏感；④算法得到的结果可能是局部最优解。

4.6　BIRCH 聚类

4.6.1　算法简介

利用层次结构的平衡迭代归约和聚类(balanced iterative reducing and clustering using hierarchies，BIRCH)是为大量聚类设计的一种层次聚类方法。

BIRCH 算法使用聚类特征(clustering feature，CF)来描述簇的特性。CF 用三元组(N，LS，SS)描述，N 代表 CF 中包含的样本点数量，LS 代表 CF 中样本点各特征维度的和向量，SS 代表 CF 中样本点各特征维度的平方和。

BIRCH 算法使用聚类特征树来实现快速聚类。树中每个节点由若干个 CF 组成，内部节点的 CF 有指向子节点的指针，所有叶子节点间使用一个双向链表连接起来。每个节点都代表一个由聚类特征对应子簇合并而成的簇。

4.6.2　算法流程

BIRCH 算法分为 6 个步骤。x_i 是原始数据中的样本，D 是原始样本集，作

为算法的输入。算法最终输出簇划分 C。具体流程如下：

输入：样本集 $D = (x_1, x_2, \cdots, x_n)$

输出：簇划分 $C = \{C_1, C_2, \cdots, C_k\}$

(1) 初始化 CF 树为空树，设置枝平衡系数、叶平衡系数、空间阈值。

(2) 插入第一个样本，将它放入一个新的节点中，将这个节点设置为根节点。

(3) 插入新节点，从根节点向下寻找和新样本距离最近的叶子节点和叶子节点里最近的样本。

(4) 如果插入新样本后，样本节点对应的超球体直径小于空间阈值，则将新样本加入叶节点对应的簇中，更新路径上的非叶节点，结束插入过程；否则转入步骤(5)。

(5) 将叶节点划分为两个新的叶节点，选择距离最远的两个样本分别作为新叶节点的第一个样本点，再将其他样本按照就近原则放入对应的新叶节点中；在更新路径上的非叶节点，如果需要分裂，使用和叶节点同样的方式分裂。

(6) 重复步骤(3)~(5)，直到所有的样本都插入 CF 树中。

4.6.3　算法优缺点

BIRCH 算法优点：①不需要指定簇的个数；②聚类速度快，只需要扫描一遍数据集就可以建立 CF 树；③可以识别异常值，对数据做初步的预处理。

BIRCH 算法缺点：①对高维数据的聚类效果不好；②对数据的分布有要求，当数据集的分布簇不是超球体时，聚类效果不好；③聚类的结果可能和真实的类别分布不同。

4.7　分　层　聚　类

4.7.1　算法简介

分层聚类(hierarchical clustering)是指在不同的"层次"上递归地对样本数据集进行划分，一层一层地进行聚类。就划分策略可分为自底向上的凝聚层次聚类(agglomerative hierarchical clustering)方法、自顶向下的分裂层次聚类(divisive hierarchical clustering)方法。

凝聚层次聚类采用自底向上策略。首先将每个数据样本作为单独的一个原子簇，然后逐步合并这些原子簇形成越来越大的簇，直到所有的数据样本都在一个簇中，或者达到一个终止条件。绝大多数层次聚类方法属于这一类。

分裂层次聚类采用自顶向下策略。首先将所有数据样本置于一个簇中，然后逐渐细分为越来越小的簇，直到每个数据样本自成一个原子簇，或者达到某个终止条件，例如，达到某个希望的簇的数目，两个最近的簇之间的距离超过了某个阈值。

分层聚类的关键在于如何判断簇之间的距离，常用的方法如下。

(1) single-linkage：取两个簇中最近的两个样本之间的距离作为簇之间的距离。

(2) complete-linkage：取两个簇中距离最远的两个样本之间的距离作为簇之间的距离。

(3) average-linkage：把两个簇中所有样本两两距离的均值作为簇之间的距离。

4.7.2　算法流程

分层聚类算法分为 4 个步骤。x_i 是原始数据中的样本，D 是原始样本集，作为算法的输入。算法最终输出簇划分 C。具体流程如下：

输入：样本集 $D = (x_1, x_2, \cdots, x_n)$

输出：簇划分 $C = \{C_1, C_2, \cdots, C_k\}$

(1) 把所有的样本各自归为一个原子簇，计算每两个簇之间的距离；

(2) 寻找最近的两个簇，把它们合并；

(3) 重新计算新生成的簇和其他旧簇的距离；

(4) 重复步骤(2)～(3)，直到所有的样本归于同一个簇。

4.7.3　算法优缺点

分层聚类算法优点：①适用于任意形状的聚类；②对样本输入顺序不敏感；③可以通过设置不同参数得到不同粒度的多层次聚类结构。

分层聚类算法缺点：①时间复杂度较大；②聚类过程不可逆，聚类结果形成后不能重新合并或者分裂；③聚类终止的条件不明确。

4.8　近邻传播聚类

4.8.1　算法简介

近邻传播(affinity propagation，AP)聚类算法，又名仿射传播算法，是 Frey 于 2007 年在 *Science* 提出的一种基于近邻传播的半监督聚类算法。

近邻传播聚类的基本思想是：将全部数据点视为潜在的聚类中心，将数据点之间两两连线构成一个网络，再通过网络中各条边的消息(responsibility、availability)传递计算出各数据点的聚类中心，最后根据数据点和聚类中心的隶属度关系来对聚类数据集进行划分，形成若干具有特定意义的簇。

假设有数据点 i 和数据点 j，则有以下概念。

(1) 相似度 $S_{i,j}$：点 j 作为点 i 的聚类中心的能力，通常使用负的欧几里得距离，相似度越大表示距离越近。

(2) 相似度矩阵 S：样本集中 n 个点两两之间的相似度构成的矩阵。

(3) 吸引度 $r_{i,k}$：点 k 适合作为点 i 的聚类中心的程度。

(4) 归属度 $a_{i,k}$：点 i 选择点 k 作为聚类中心的程度。

$r_{i,k}$ 和 $a_{i,k}$ 越大，点 k 作为聚类中心的可能性越大，点 i 隶属于点 k 为聚类中心的簇的可能性也就越大。

4.8.2　算法流程

近邻传播聚类算法分为 5 个步骤。x_i 是原始数据中的样本，D 是原始样本集，作为算法的输入。算法最终输出簇划分 C。具体流程如下：

输入：样本集 $D = (x_1, x_2, \cdots, x_n)$

输出：簇划分 $C = \{C_1, C_2, \cdots, C_k\}$

(1) 计算相似度矩阵 S；

(2) 计算吸引度矩阵

$$r_{ik} = s_{ik} - \max_{st:k' \neq k}(a_{i,k'} + s_{i,k'}) \tag{4-6}$$

(3) 计算归属度矩阵

$$a_{ik} = \begin{cases} \min\left\{0, r_{kk} + \sum_{j \notin (i,k)} \max(0, r_{j,k})\right\}, & i \neq k \\ \sum_{j \notin (i,k)} \max(0, r_{j,k}), & i = k \end{cases} \tag{4-7}$$

(4) 重复步骤(2)~(3)，直到聚类中心不再移动或者达到最大迭代次数；

(5) 根据得到的聚类中心对数据进行分类。

4.8.3　算法优缺点

近邻传播聚类算法优点：①聚类过程中不需要指定簇的个数；②聚类中心是待划分数据集中确实存在的数据点；③多次运行的结果完全相同，不需要随机选取初始值；④使用相似性矩阵作为算法输入，允许使用非对称的度量方法。

近邻传播聚类算法缺点：算法时间复杂度较高，为 $O(n^2 \log n)$，计算时间长。

4.9　均值漂移聚类

4.9.1　算法简介

均值漂移聚类(mean-shift clustering)是基于密度的非参数聚类算法。常被用于图像识别中的目标跟踪、图像分割。

均值漂移的基本思想是：沿着密度上升方向寻找密度极值点作为簇的质心，根据最近邻原则将样本点赋予质心。算法假设不同簇类的数据符合不同的概率密度分布，样本密度高的区域对应该概率密度分布的最大值，根据数据概率密度不断移动均值质心直到收敛。

4.9.2　算法流程

均值漂移聚类算法分为8个步骤。x_i 是原始数据中的样本，D 是原始样本集，作为算法的输入。ε 是算法的超参数。算法最终输出簇划分 C。具体流程如下：

输入：样本集 $D = (x_1, x_2, \cdots, x_n)$，带宽 ε

输出：簇划分 $C = \{C_1, C_2, \cdots, C_k\}$

(1) 在未被分类的数据点中随机选择一个点作为中心点。

(2) 找出离中心点距离在带宽之内的所有点，记作集合 M，认为这些点属于簇 c。

(3) 计算从中心点开始到集合 M 中每个元素的向量，将这些向量相加，得到偏移向量 shift。

(4) 将中心点沿着偏移向量 shift 的方向移动，移动距离是偏移向量 shift 的模。

(5) 重复步骤(2)~(4)，直到偏移向量 shift 的大小满足设定的阈值要求，记住此时的中心点 K；如果中心点收敛时，与其他已存在的簇中心距离小于阈值时，把这两个簇合并，否则把簇 c 作为新的聚类结果。

(6) 重复步骤(1)~(5)，直到所有的点都被归类。

(7) 根据每个类，对每个点的访问频率，取访问频率最高的那个类，作为数据点的所属类。

4.9.3　算法优缺点

均值漂移聚类算法优点：①不需要设置簇的个数；②可以处理任意形状的簇；③算法只需要设置带宽一个参数；④算法结果稳定。

均值漂移聚类算法缺点：①聚类结果依赖于带宽的设置，带宽设置过小，得到的簇类个数过多，带宽设置过大，会遗失一些簇；②当样本空间较大时，计算量过大，时间复杂度高。

4.10　在 H6 数据地震相分类上的对比分析

本节利用前面介绍的聚类算法对 H6 数据进行相应的聚类操作。考虑到同一类的数据在二维空间中是邻近的，可以用移动窗口对聚类结果进行优化，让每个窗口里面的类别和本窗口中点数最多的类别一致。本书使用 7×7 的窗口对聚类结果进行优化。

书中同时使用了 CH 指数(Calinski-Harabasz index，CHI)和 DB 指数(Davies-Bouldin index，DBI)衡量算法结果优劣。详细指标介绍如下。

(1) 被用于衡量 k 值好坏的聚类算法内部指标

$$\text{CH}(k) = \frac{\text{tr}B(k) / (k-1)}{\text{tr}W(k) / (n-k)} \tag{4-8}$$

其中，n 为聚类的数目，k 为当前的类，$\text{tr}B(k)$ 为类间离差矩阵的迹，$\text{tr}W(k)$ 为类内离差矩阵的迹。CH 值越大代表类自身越紧密，类与类之间越分散，即更优的聚类结果。

(2) DBI 定义了一个分散度的值 S_i，表示第 i 个类中，度量数据点的分散程度，即

$$S_i = \left\{ \frac{1}{T_i} \sum_{j=1}^{T_i} \left| X_j - A_i \right|^p \right\}^{\frac{1}{p}} \tag{4-9}$$

其中，X_j 为第 i 个类中第 j 个数据点，A_i 为第 i 类的中心，T_i 为第 i 类中数据点的个数，p 取 1 表示各点到中心点的距离的均值，p 取 2 表示各点到中心点的距离标准差，它们都可以用来衡量分散程度。

(3) DBI 定义了距离值 M_{ij}，表示第 i 类与第 j 类的距离，即

$$M_{ij} = \left\{ \sum_{k}^{N} \left| a_{ki} - a_{kj} \right|^p \right\}^{\frac{1}{p}} \tag{4-10}$$

其中，a_{ki} 表示第 i 类的中心点的第 k 个属性的值，M_{ij} 表示第 i 类与第 j 类的距离。

(4) DBI 定义了相似度 R_{ij}，即

$$R_{ij} = \frac{S_i + S_j}{M_{ij}} \tag{4-11}$$

通过计算以上公式，再从 R_{ij} 中选出最大值，最后计算每个类的这些最大相似度的均值，即

$$\bar{R} = \frac{1}{N} \sum_{i=1}^{N} R_i \tag{4-12}$$

对于 DBI，分类个数的不同可以导致不同的 $\bar{R}$，其值越小，分类效果越好。

聚类算法结果如表 4-1 所示。各个聚类算法的可视化结果如图 4-2～图 4-9 所示，其中图 4-2 为 K 均值可视化结果，图 4-3 为谱聚类可视化结果，图 4-4 为 FCM 可视化结果，图 4-5 为密度聚类可视化结果，图 4-6 为高斯混合可视化结果，图 4-7 为 BIRCH 可视化结果，图 4-8 为分层聚类可视化结果，图 4-9 为均值漂移聚类可视化结果。由于机器内存限制，对于空间复杂度较高的算法，本书进行了采样处理，在表 4-1 中有标注。

表 4-1　聚类算法结果

算法	CHI	窗口优化后 CHI	DBI	窗口优化后 DBI
K 均值	193679.54	1.39	103453.16	1.78
谱聚类 (采样 1/9)	13784.25	3014.47	1.43	2.59
FCM	170725.49	1.77	93049.52	2.27
密度聚类 (采样 1/4)	11957.88	4971.46	2.49	3.06
高斯混合	117937.84	2.32	75452.41	2.74
BIRCH	118293.13	1.57	62638.05	2.18
分层聚类	39559.55	1.55	53289.32	2.64
均值漂移聚类 (采样 1/9)	18978.70	1337.86	1.80	2.29

图 4-2　K 均值可视化结果(左：聚类结果；右：基于滑动窗口的聚类结果)

图 4-3　谱聚类可视化结果(左：聚类结果；右：基于滑动窗口的聚类结果)

图 4-4　FCM 可视化结果(左：聚类结果；右：基于滑动窗口的聚类结果)

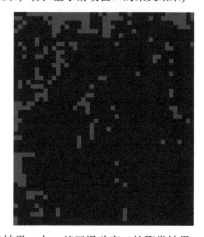

图 4-5　密度聚类可视化结果(左：聚类结果；右：基于滑动窗口的聚类结果)

图 4-6 高斯混合可视化结果(左：聚类结果；右：基于滑动窗口的聚类结果)

图 4-7 BIRCH 可视化结果(左：聚类结果；右：基于滑动窗口的聚类结果)

图 4-8 分层聚类可视化结果(左：聚类结果；右：基于滑动窗口的聚类结果)

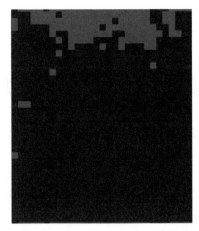

图 4-9　均值漂移聚类可视化结果(左：聚类结果；右：基于滑动窗口的聚类结果)

4.11　本 章 小 结

　　本章主要对不同聚类算法的原理和实现方式进行了介绍，并介绍了这些聚类方法在地震相分类上的应用。K 均值和模糊 C 均值聚类算法都是基于划分的聚类算法，基于划分的聚类算法首先确定 K 个初始簇中心，然后计算所有数据点到 K 个簇中心的距离，将每个数据点划分给距离最近的簇，最后再根据所有数据点的簇划分更新簇中心，循环这个过程，直到簇中心不再改变。划分聚类算法需要提前指定簇数目 K 和初始簇中心，K 的确定往往需要丰富的专业领域知识，而聚簇中心的初始化不理想往往会导致较差的聚类结果。分层聚类就是为了解决划分聚类需要提前指定参数的缺点，实现了一种无需参数的聚类流程。划分聚类算法往往假设数据中存在凸簇或者球状簇，但是现实中的数据相对比较复杂，往往并不满足数据的凸性。针对这个问题，密度聚类使用密度这一概念可以发现任意形状的簇，而不仅仅局限于凸簇。模型聚类基于这样一个假设：目标数据来源于一个潜在的混合概率分布。模型聚类从概率的角度为数据构建一个混合概率模型，聚类的任务就是对混合模型进行参数求解。最后在地震相分类任务中对这些算法进行了实践。

第 5 章　典型有监督机器学习算法原理与应用

有监督学习是一种从标签化训练数据集中构造模型的机器学习任务。训练数据由一组训练实例组成。在监督学习中，每一个例子都是一对由一个输入数据对象(通常是一个向量)和一个期望的输出值(也称为监督信号)构成。有监督学习算法分析训练数据，并产生一个推断的功能，可用于映射新的例子。有监督学习主要包括回归和分类两个任务，回归是用来预测连续的数值，分类是用来预测离散的不同的类别。

5.1　线　性　回　归

1. 算法简介

在统计学中，线性回归(linear regression，LR)是利用称为线性回归方程的最小平方函数对一个或多个自变量和因变量之间关系进行建模的一种回归分析，用以确定变量间相互依赖的定量关系，如图 5-1 所示。这种函数由一个或多个称为回归系数的模型参数线性组合。只有一个自变量的情况称为简单回归，多于一个自变量的情况称为多元回归。

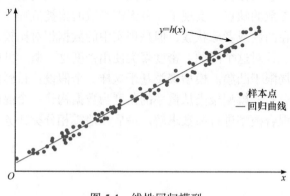

图 5-1　线性回归模型

线性回归常用于预测分析时间序列模型以及发现变量之间的因果关系。通常使用曲线/直线来拟合数据点，目标是使曲线到数据点的距离差距最小。

简单来讲，线性回归的任务是找到一个从空间特征 X 到输出空间 Y 的最优的线性映射函数，数学表达式如下：

$$\hat{y} = wx + b \tag{5-1}$$

其中，$\hat{y}$ 为预测值，x 为已知自变量，w 和 b 为模型中待求参数。

在求解过程中，需设定对结果的衡量标准，所以需要定量化目标函数式，使计算机可以不断优化参数。

在模型求解问题中，通常是将预测值 $\hat{y}$ 和真实值 y 进行对比，以判断参数是否最佳，定义损失函数如下：

$$L = \frac{1}{n}\sum_{i=1}^{n}(\hat{y}_i - y_i)^2 \tag{5-2}$$

其中，n 为数据数；L 为预测值 $\hat{y}$ 和真实值 y 之间的平方距离，在统计学中一般称为均方误差(mean square error，MSE)。将前式代入损失函数中，可得

$$L(w,b) = \frac{1}{n}\sum_{i=1}^{n}(wx_i + b - y_i)^2 \tag{5-3}$$

可根据推导式求解当 L 最小时 w 和 b 的值，该式可优化为

$$(w^*, b^*) = \text{argmin}\sum_{i=1}^{n}(wx_i + b - y_i)^2 \tag{5-4}$$

2. 算法流程

线性回归算法主要有 2 种计算方法，分别对应以下 2 个步骤。X 是原始样本集，Y 是样本集的标签，作为算法的输入。算法最终输出线性回归模型的参数回归系数 weights。

1) 最小二乘法

输入：样本集 X，标签 Y

输出：回归系数 weights

(1) 计算 X 的伪逆矩阵

$$X^{\uparrow} = (X^{\text{T}}X)^{-1}X^{\text{T}} \tag{5-5}$$

(2) 计算回归系数 weights = $X^{\uparrow}Y$；

(3) 返回回归系数。

2) 梯度下降

输入：样本集 X，标签 Y，学习率 alpha，最大迭代次数 K

输出：回归系数 weights

(1) 每个回归系数 weights 初始化为 1。

(2) 计算整个数据集的梯度 gradient。

(3) 使用 alpha*gradient 更新回归系数向量。

(4) 在迭代次数小于 K 时，返回步骤(2)；否则结束迭代，返回回归系数。

3. 算法优缺点

线性回归算法优点：①模型简单，实现容易，在数据量小、样本特征关系简单时很有效；②可解释性强，可以根据系数给出模型对每个变量的理解和解释，有利于决策分析；③建模速度快，在数据量大的情况下运行速度快。

线性回归算法缺点：①不能很好地拟合非线性数据；②难以处理多项式关系的样本特征；③对异常值敏感。

5.2　逻辑回归

1. 算法简介

逻辑回归(logistic regression)是用于处理因变量为分类变量的回归问题，常见的是二分类或二项分布问题，也可以处理多分类问题，实际上是一种分类方法。逻辑回归因其简单、可并行化、可解释性强，深受工业界喜爱。

线性回归模型中处理的因变量都是数值型区间变量，建立的模型描述是因变量的期望与自变量之间的线性关系。如果因变量是类别变量，线性回归模型就不再适用了，需采用逻辑回归模型解决。在二分类问题中，逻辑回归使用 sigmoid 函数把线性回归的结果映射到[0,1]区间，作为类别的概率。

sigmoid 函数(又名 logistic 函数)形式为

$$g(z) = \frac{1}{1 + e^{-z}} \tag{5-6}$$

逻辑回归假设数据的概率分布满足 logistic 分布。logistic 分布是一种连续型的概率分布，其分布函数和密度函数分别为

$$F(x) = P(X \leqslant x) = \frac{1}{1 + e^{-(x-\mu)/\gamma}} \tag{5-7}$$

$$f(x) = F'(x) = \frac{e^{-\frac{x-\mu}{\gamma}}}{\gamma \left(1 + e^{-\frac{x-\mu}{\gamma}}\right)^2} \tag{5-8}$$

其中，μ 表示位置参数，γ 为形状参数。

logistic 分布是由其位置和尺度参数定义的连续分布。logistic 分布的形状与正态分布相似，但是 logistic 分布的尾部更长，所以可以使用 logistic 分布来建模

具有比正态分布更长尾部和更高波峰的数据分布。

逻辑回归的数学表达模型如下：

$$h_\theta(x) = \frac{1}{1 + e^{-\theta^T x}} \tag{5-9}$$

其中，θ 是模型的参数；$h_\theta(x)$ 表示给定样本 x，模型预测其为正类的概率。

逻辑回归使用对数似然函数作为损失函数，即

$$J(\theta) = -\sum_{i=1}^{m} (y_i \log(h_\theta(x_i)) + (1 - y_i) \log(1 - h_\theta(x_i))) \tag{5-10}$$

2. 算法流程

逻辑回归算法分为 4 个步骤。X 是原始样本集，Y 是样本集的标签，作为算法的输入。学习率 η 是算法的超参数。算法最终输出逻辑回归模型的参数权重 θ。

输入：样本集 X，标签 Y，学习率 η

输出：权重 θ

(1) 随机初始化权重 θ；

(2) 计算权重 θ 的导数，即

$$\frac{\mathrm{d}J(\theta)}{\mathrm{d}\theta_j} = \frac{1}{m} \sum_{i=1}^{m} (h_\theta(x_i) - y_i) x_j \tag{5-11}$$

(3) 使用梯度法更新权重 θ，即

$$\theta_j = \theta_j - \eta \frac{\mathrm{d}J(\theta)}{\mathrm{d}\theta_j} = \theta_j - \frac{\eta}{m} \sum_{i=1}^{m} (h_\theta(x_i) - y_i) x_j \tag{5-12}$$

(4) 重复步骤(2)～(3)，直到损失函数收敛或者达到最大迭代次数。

3. 算法优缺点

逻辑回归算法优点：①训练速度快，预测速度快；②模型简单，可解释性强；③空间复杂度小，占用的内存资源少。

逻辑回归算法缺点：①不能处理非线性问题；②对多重共线性敏感；③很难处理不均衡数据；④准确率不高，模型过于简单，很难拟合数据的真实分布。

5.3　决　策　树

1. 算法简介

决策树(decision tree)分类算法是一种基于数据的归纳学习方法，它从给定的训练样本中自顶向下地递归提炼出树状的分类模型，如图 5-2 所示。决策树算法

的本质是将输入空间划分成不同的区域，每个区域有独立的参数。常见决策树模型有 ID3、C4.5、CART 等。

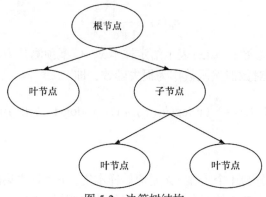

图 5-2　决策树结构

ID3(Iterative Dichotomiser 3)算法[48]由 Quinlan 于 1986 年提出，并于 1993 年改进成 C4.5 算法[49]。ID3 是一种贪心算法，以信息熵的下降速度作为特征选择的标准，在每个节点上选择尚未被选择的具有最高信息增益的特征作为划分标准，不断递归进行这个过程，直到生成的决策树在训练数据上达到最优。

ID3 算法的本质核心是信息熵(entropy)。在信息论中，信息熵用来度量事物的不确定性，越是不确定、混乱的事物，它的信息熵越大，越是确定、稳定的事物，它的信息熵越小。信息熵的计算公式如下：

$$H(X) = -\sum_{i=1}^{n} p_i \log p_i \tag{5-13}$$

条件熵 $H(Y|X)$ 表示在已知随机变量 X 的条件下随机变量 Y 的不确定性，计算公式如下：

$$H(Y|X) = \sum_{i=1}^{n} p_i H(Y|X = x_i) \tag{5-14}$$

信息增益代表在一个条件下，信息熵减少的程度。在 ID3 中便是选择某个特征作为分类条件后信息熵减少的程度。所以信息增益可以写为：$g(D,A) = H(D) - H(D|A)$，是数据集 D 的经验熵与特征 A 给定条件下的条件熵之差。

C4.5 算法是在 ID3 算法基础上改进得到的。C4.5 算法使用信息增益率而不是信息增益下降梯度作为特征选择的标准，并且在构造决策树的同时对树进行剪枝，减少了决策树的过拟合问题。ID3 算法只能处理离散值，而 C4.5 算法可以处理连续性数据和不完整的离散数据。

信息增益率定义为特征 A 对数据集 D 的信息增益 $g(D, A)$ 与数据集 D 的信息熵之比：$g_R(D,A) = \dfrac{g(D,A)}{H(D)}$。

回归树(regression tree)算法就是用树模型做回归问题。每个叶节点输出一个预测值，一般是叶节点所含训练集样本输出的均值。上文提到，常见的决策树有 ID3、C4.5、CART[50]等，其中 CART 全称是 classification and regression tree，又名分类回归树，可以用来处理回归问题。

CART 由 Breiman 于 1984 年提出。CART 是二叉树，每个非叶节点都有两个"孩子"。CART 分类树使用基尼指数作为特征选择和划分的依据；而 CART 回归树使用均方误差或者平均绝对值误差作为特征选择和划分的标准。

决策树的构造包括特征选择、决策树的生成和决策树的裁剪三部分。

1) 特征选择

特征选择表示从众多的特征中选择一个特征作为当前节点分裂的标准，如何选择特征有不同的量化评估方法，从而衍生出不同的决策树，如 ID3(通过信息增益选择特征)、C4.5(通过信息增益率选择特征)、CART(通过基尼指数选择特征)等。

2) 决策树的生成

根据选择的特征评估标准，从上至下递归地生成子节点，直到数据集不可分则停止决策树生长。这个过程实际上就是使用满足划分准则的特征不断地将数据集划分成纯度更高、不确定性更小的子集的过程。对于当前数据集的每一次划分，都希望根据某个特征划分之后的各个子集的纯度更高、不确定性更小。

3) 决策树的裁剪

决策树容易过拟合，一般需要剪枝来缩小树结构规模、缓解过拟合。

2. 算法流程

决策树算法可以处理分类和回归问题，分别对应以下步骤。X 是原始样本集，Y 是样本集的标签，$D=\{X,Y\}$ 作为算法的输入，算法最终输出构建好的决策树模型。

1) 决策树

输入：训练数据集 D，特征集 A，阈值 ε

输出：决策树 T

(1) 如果 D 中所有样本属于同一类 C_k，则 T 为单节点树，C_k 是该节点的类别，返回 T；

(2) 如果 A 为空集，则 T 为单节点树，D 中样本数量最大的 C_k 是该节点的类别，返回 T；

(3) 计算 A 中每个特征对数据集 D 的信息增益比，选择信息增益比最大的特征 A_k；

(4) 如果特征 A_k 的信息增益比小于阈值 ε，T 为单节点树，D 中样本数量最

大的 C_k 是该节点的类别，返回 T；

(5) 否则使用特征 A_k 的每个可能取值，将 D 分割为若干子集 D_i，使用 D_i 和 $A\text{-}\{A_k\}$ 递归调用步骤(1)～(5)构建子节点，返回节点和子节点构成的树 T。

2) 回归树

输入：训练数据集 $D=\{(x_1,y_1),(x_2,y_2),\cdots,(x_n,y_n)\}$

输出：回归树 $f(x)$

(1) 选择最优切分特征 j 与切分点 s，即求解 $\underset{(j,s)}{\arg\min}\left[\underset{c1}{\min}\sum_{x_i\in R_1(j,s)}(y_i-c_1)^2+\right.$

$\left.\underset{c2}{\min}\sum_{x_i\in R_2(j,s)}(y_i-c_2)^2\right]$，遍历特征 j，对于固定的特征扫描寻找早切分点 s，选择使均方误差达到最小的 (j,s) 组合；

(2) 用上一步确定的 (j,s) 组合划分训练数据集，并计算左右子节点对应的输出值，一般使用左右子节点中训练样本的均值作为输出值；

(3) 对左右子节点继续调用步骤(1)和(2)，直到满足停止条件；

(4) 将输出空间划分为 M 个区域，生成决策树。

3. 算法优缺点

决策树算法优点：①建模速度快，计算量相对较小；②可解释性强，容易转化为分类规则；③可以处理连续变量和离散变量；④适合高维数据；⑤不需要任何领域知识和参数假设。

决策树算法缺点：①当各类别样本数量不均衡时，效果较差；②容易过拟合；③忽略了特征之间的相关性。

回归树算法优点：①训练和预测速度快；②可解释性强，树模型易于人们理解；③能发现特征的非线性关系；④善于处理数据中的异常值。

回归树算法缺点：①不适用于样本数量少的模型；②输出的预测结果精度低；③容易出现过拟合；④新增数据时，难以更新模型。

5.4　支持向量机

1. 算法简介

支持向量机(support vector machine，SVM)是一种二分类的模型，由 Cortes 等[51]于 1995 年首先提出。SVM 分类的基本思想是，给定一个包含正类样本和负类样本的数据集，寻找一个几何间隔最大的分离超平面对两类样本进行分割。支持向量机在解决小样本、非线性及高维模式识别中表现出许多特有的优势，并能够推广应用到函数拟合等其他机器学习问题中。

支持向量机的主要思想是：针对线性可分情况进行分析，遇到线性不可分的数据时，使用非线性映射函数将在低维空间线性不可分的样本转化到线性可分的高维空间中，达到在高维空间中使用线性算法对样本的非线性特征进行学习的目的。

支持向量机算法由简单到复杂包含线性可分支持向量机、线性支持向量机、非线性支持向量机。

线性可分支持向量机假定数据是线性可分的，即对应数据存在一个线性划分超平面能将正负样本进行分割，如图 5-3 所示。线性划分超平面对应于 $w^{\mathrm{T}}x+b=0$，将样本空间划分为正类和负类，法向量 w 指向的一侧是正类。$\left|w^{\mathrm{T}}x+b\right|$ 是数据距离超平面的距离，表示分类预测的确信程度。函数间隔定义为：$\gamma_i = y_i(w \cdot x_i + b)$。对法向量规范化后得到几何间隔 $\gamma_i = y_i\left(\dfrac{w}{\|w\|} \cdot x_i + \dfrac{b}{\|w\|}\right)$。正负两类数据集到分离超平面的距离之和为 $\dfrac{2}{\|w\|}$。线性可分支持向量机的目标是寻找具有最大几何间隔的划分超平面，可以转化为一个有约束的最优化问题：

$$\min \frac{1}{2}\|w\|^2 \tag{5-15}$$

$$\text{s.t.} \quad y_i(w \cdot x_i + b) \geqslant 1, \quad i = 1,2,\cdots,n$$

对于线性不可分数据集，不存在线性分离超平面能够将所有的正负样本进行划分。由此引入松弛变量 ξ，降低对点到超平面的距离要求，线性支持向量机的模型如下：

$$\min \frac{1}{2}\|w\|^2 + C\sum_{i=1}^{N}\xi_i \tag{5-16}$$

$$\text{s.t.} \quad y_i(w \cdot x_i + b) \geqslant 1 - \xi_i, \quad i = 1,2,\cdots,n$$

$$\xi_i \geqslant 0, \quad i = 1,2,\cdots,n$$

当样本空间非线性可分，存在超曲面将正负样本分开时，需要将非线性可分问题从原始的特征空间映射到高维的希尔伯特空间。但如果直接将低维数据映射到高维空间，数据的维度会呈现爆炸式增长。核函数的思想是寻找一个函数，使得这个函数在低维空间中的运算结果和映射到高维空间后计算内积的结果相同。通过核函数可以学习非线性支持向量机，等价于在高维空间中学习线性支持向量机。

任何半正定的函数都可以作为核函数。常见的核函数有线性核函数、多项式核函数、高斯核函数、sigmoid 核函数。

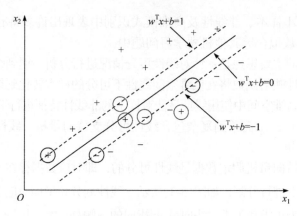

图 5-3　SVM 软间隔示意图

线性核函数(linear kernel function)：

$$K(x,z) = x \cdot z \tag{5-17}$$

多项式核函数(polynomial kernel function)：

$$K(x,z) = (\gamma x \cdot z + r)^d \tag{5-18}$$

高斯核函数(Gaussian kernel function)，高斯核等价于低维映射到无穷维后展开的点积：

$$K(x,z) = \mathrm{e}^{-\gamma \|x-z\|^2} \tag{5-19}$$

sigmoid 核函数(sigmoid kernel function)：

$$K(x,z) = \tanh(\gamma x \cdot z + r) \tag{5-20}$$

将支持向量机对偶问题目标函数中的内积 $x \cdot z$ 替换为核函数 $K(x,z)$，新的目标函数为

$$\max_{\alpha, \alpha_i \geqslant 0} \sum_{i=1}^{m} \alpha_i - \frac{1}{2} \sum_{i=1}^{m} \sum_{j=1}^{m} \alpha_i \alpha_j y_i y_j K(x_i, x_j) \tag{5-21}$$

$$\text{s.t.} \quad 0 \leqslant \alpha_i \leqslant C, \quad i = 1, 2, \cdots, m$$

$$\sum_{i=1}^{m} \alpha_i y_i = 0$$

支持向量回归机(support vector regression)[52]是支持向量机的重要应用分支。支持向量回归机与支持向量机的区别在于：支持向量机是针对二分类问题提出的，目标是找到一个分类超平面，使得两类数据的支持向量到分类超平面的距离最远。而支持向量回归机处理的是回归问题，目标是找到回归超平面，使得数据集中所有数据到该平面的总距离最近。

回归预测就是根据数据集建立数学模型，把因变量和目标变量之间的关系用数学的方式近似表达出来，利用数据集调整模型的参数，最小化预测值和实际值的误差，回归模型最终输出的是连续的数值变量。

传统的回归方法除非预测值与实际值完全相等，否则不论两者相差多少，都要计算其损失。而支持向量回归认为只要预测值与实际值偏离程度不大，便可以认为预测正确，不需要计算其损失。如图 5-4 所示，具体操作就是设置阈值 ε，处在回归超平面两侧距离不超过 ε 的数据均认为是预测正确的，只需要计算虚线外部的数据的损失，再通过最小化虚线间的宽度和虚线外部数据的总损失来获得最优化模型。由此，支持向量回归问题可以转化为求解以下目标函数：

$$\min_{w,b} \frac{1}{2}\|w\|^2 + C\sum_{i=1}^{m} l_\in(f(x_i), y_i) \tag{5-22}$$

其中，C 为正则化常数，$l_\in$ 为

$$l_\in(z) = \begin{cases} 0, & |z| < \epsilon \\ |z| - \epsilon, & 其他 \end{cases} \tag{5-23}$$

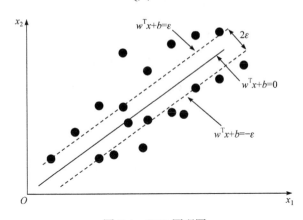

图 5-4　SVR 原理图

SVR 目标函数的对偶形式为

$$\max_{\alpha,\hat{\alpha}} \sum_{i=1}^{m} y_i(\hat{\alpha}_i - \alpha_i) - \epsilon(\hat{\alpha}_i + \alpha_i) - \frac{1}{2}\sum_{i=1}^{m}\sum_{j=1}^{m}(\hat{\alpha}_i - \alpha_i)(\hat{\alpha}_j - \alpha_j)x_i^{\mathrm{T}}x_j \tag{5-24}$$

$$\text{s.t.} \quad \sum_{i=1}^{m}(\hat{\alpha}_i - \alpha_i) = 0$$

$$0 \leqslant \alpha_i, \quad \hat{\alpha}_i \leqslant C$$

2. 算法流程

支持向量机算法分为 7 个步骤。原始数据集 T 是算法的输入。精度 ε 是算法

的超参数。算法最终输出支持向量机的分类决策函数。

输入：数据集 $T = \{(x_1, y_1), (x_2, y_2), \cdots, (x_n, y_n)\}$ ，精度 ε

输出：最大间隔分离超平面，分类决策函数

(1) 初始化，令 $\alpha^0 = 0$ ， $k = 0$ ；

(2) 选择需要优化的 α_1^k 、 α_2^k ，计算 $\alpha_2^{\text{new,unc}}$ ，即

$$\alpha_2^{\text{new,unc}} = \alpha_2^k + \frac{y_2(E_1 - E_2)}{K_{11} + K_{22} - 2K_{12}} \tag{5-25}$$

E_i 为 SVM 预测值与真实值的误差，即

$$E_i = f(x_i) - y_i$$

(3) 计算新的 α_2^{k+1} ，即

$$\alpha_2^{k+1} = \begin{cases} H, & H \leqslant \alpha_2^{\text{new,unc}} \\ \alpha_2^{\text{new,unc}}, & L \leqslant \alpha_2^{\text{new,unc}} < H \\ L, & \alpha_2^{\text{new,unc}} < L \end{cases} \tag{5-26}$$

$$L = \begin{cases} \max(0, \alpha_2^k - \alpha_1^k), & y_1 \neq y_2 \\ \max(0, \alpha_2^k + \alpha_1^k - C), & y_1 = y_2 \end{cases} \tag{5-27}$$

$$H = \begin{cases} \min(C, C + \alpha_2^k - \alpha_1^k), & y_1 \neq y_2 \\ \min(C, \alpha_2^k + \alpha_1^k), & y_1 = y_2 \end{cases} \tag{5-28}$$

(4) 根据 α_1^{k+1} 和 α_2^{k+1} 的关系，计算 α_1^{k+1} ，即

$$\alpha_1^{k+1} = \alpha_1^k + y_1 y_2 (\alpha_2^k - \alpha_1^k) \tag{5-29}$$

(5) 计算 b^{k+1} ，更新 E_i ，即

$$b^k = \frac{b_1^{k+1} + b_2^{k+1}}{2} \tag{5-30}$$

$$b_1^{k+1} = -E_1 - y_1 K_{11}(\alpha_1^{k+1} - \alpha_1^k) - y_2 K_{21}(\alpha_2^{k+1} - \alpha_2^k) + b^k \tag{5-31}$$

$$b_2^{k+1} = -E_2 - y_1 K_{11}(\alpha_1^{k+1} - \alpha_1^k) - y_2 K_{21}(\alpha_2^{k+1} - \alpha_2^k) + b^k \tag{5-32}$$

$$E_i = f(x_i) - y_i = \sum_S y_j \alpha_j K(x_i, x_j) + b^{k+1} - y_i \tag{5-33}$$

其中， S 是所有支持向量 x_j 的集合。

(6) 在精度 ε 范围内检查是否满足以下停止条件：

$$\sum_{i=1}^m \alpha_i y_i = 0 \tag{5-34}$$

$$0 \leqslant \alpha_i \leqslant C, \quad i=1,2,\cdots,m \tag{5-35}$$

$$y_i g(x_i) \geqslant 1, \quad \alpha_i^{k+1} = 0 \tag{5-36}$$

$$y_i g(x_i) = 1, \quad 0 < \alpha_i^{k+1} < C \tag{5-37}$$

$$y_i g(x_i) \leqslant 1, \quad \alpha_i^{k+1} = C \tag{5-38}$$

(7) 如果满足停止条件，返回 α^{k+1}、b^{k+1}，由此得到分离超平面 $\sum\limits_{i=1}^{N} \alpha_i^{k+1} y_i$ $\cdot K(x,x_i) + b^{k+1} = 0$ 和决策函数 $f(x) = \text{sign}\left(\sum\limits_{i=1}^{N} \alpha_i^{k+1} y_i K(x,x_i) + b^{k+1}\right)$，否则转到步骤(2)。

3. 算法优缺点

支持向量机算法优点：①基于结构风险最小化原则，避免了过拟合问题，泛化能力强；②可以转化为凸优化问题，算法获得的是全局最优解；③适用于小样本数据，不涉及概率、测度以及大数定理；④算法复杂度取决于支持向量的数量，与特征数量无关；⑤可以解决数据线性不可分的问题。

支持向量机算法缺点：①对大规模样本数据训练时间过长；②对参数和核函数敏感；③处理多分类问题存在困难，需要组合多个二分类支持向量机。

5.5　贝叶斯算法

1. 算法简介

贝叶斯定理(Bayes theorem)是概率论中的一个重要定理，由英国数学家托马斯·贝叶斯(Thomas Bayes)为了解决逆向概率问题而提出。统计学领域中有两大学派：古典统计学派和贝叶斯统计学派。贝叶斯统计学派与古典统计学派的主要区别就在于对未知模型或者参数的认识方式不同。古典统计学派认为，未知模型或者参数是确定的，需要通过大量重复实验并统计结果的频率来估计未知参数。而贝叶斯学派认为，未知模型或者参数是不确定的，但可以通过概率分布来描述。以贝叶斯定理为基础的统计学认为，事件的随机性源于观察者掌握的信息不够完备，观察者掌握的信息越多，对事件的认知越准确，事件的不确定性越小。

先验概率是指根据以往经验和分析得到的概率。它表示人在未知条件下对事件发生可能性的猜测。后验概率则是在事件已经发生后，求某个因素导致这个事件发生的可能性大小。后验概率是条件概率的一种。

条件概率描述事件 A 在另一个事件 B 已经发生的条件下发生的概率，记作

$P(A|B)$，事件 A、B 可能相互独立，也可能存在关联。

$$P(A|B) = \frac{P(A \cap B)}{P(B)} \tag{5-39}$$

设事件 $B_1, B_2, \cdots, B_n$ 是一个完备的事件集合，则对于任何一个事件 A，有如下全概率公式成立：

$$P(A) = \sum_{i=1}^{n} P(A|B_i) \tag{5-40}$$

贝叶斯定理是关于随机事件 A 和 B 的条件概率：

$$P(A|B) = \frac{P(B|A)P(A)}{P(B)} = \frac{P(B|A)P(A)}{\sum_{i=1}^{n} P(A_i)P(B|A_i)} \tag{5-41}$$

其中，$P(A)$ 是 A 的先验概率；$P(B)$ 是 B 的先验概率；$P(A|B)$ 是 B 发生后 A 发生的条件概率，也被称为 A 的后验概率；$P(B|A)$ 是 A 发生后 B 发生的条件概率，也被称为 B 的后验概率。

贝叶斯公式把 A 的后验概率转换成了 B 的后验概率和 A 的边缘概率的组合表达形式，在实际问题中后两者更容易观测得到。

将贝叶斯定理直接应用于有监督的分类场景。假设数据有 n 个特征、C 个类别，并假定特征都是二元的，由此可计算出特征向量的所有可能取值有 2^n 个，$P(Y = C_i | X)$ 的参数高达 $C \times 2^n$ 个，这对样本空间大小的要求过于苛刻，在实际问题中使用有限的数据来建立贝叶斯模型是不切实际的。

$$P(Y = C_i|X) = \frac{P(Y = C_i)P(x_1, x_2, \cdots, x_n|Y = C_i)}{\sum_{i \in C} P(Y = C_i)P(x_1, x_2, \cdots, x_n|Y = C_i)} \tag{5-42}$$

为了解决这个问题，统计学家们提出了朴素贝叶斯(Naive Bayes)。朴素贝叶斯假设在给定类别的情况下，不同维度特征的取值是相互独立的。这大大简化了对样本空间的要求和模型的复杂度。

$$P(Y = C_i|X) = \frac{P(Y = C_i)\prod_{j=1}^{n} P(x_j|Y = C_i)}{\sum_{i \in C}\left(P(Y = C_i)\prod_{j=1}^{n} P(x_j|Y = C_i)\right)} \tag{5-43}$$

2. 算法流程

贝叶斯算法分为 4 个步骤。X 是原始样本集，Y 是样本集的标签，作为算法的输入。算法最终输出测试集的分类结果或者条件概率模型。

输入：训练集 X，测试集 X_{test}

输出：测试集的分类 Y_{test}

(1) 计算 Y 的先验概率

$$P(Y = C_k) \tag{5-44}$$

(2) 计算条件概率

$$P(X|Y = C_k) = \prod_{j=1}^{n} P(x_j|Y = C_k) \tag{5-45}$$

(3) 根据贝叶斯定理，计算后验概率

$$P(Y = C_k|X) = \frac{P(Y = C_k)P(X|Y = C_k)}{\sum\limits_{C_k \in C} (P(Y = C_k)P(X|Y = C_k))} \tag{5-46}$$

(4) 计算测试集 X_{test} 的类别

$$Y_{\text{test}} = \underset{C_k}{\operatorname{argmax}} P(Y = C_k)P(X|Y = C_k) \tag{5-47}$$

3. 算法优缺点

贝叶斯算法优点：①建模完成后，对待预测样本计算速度快；②可以处理多分类问题；③在特征分布独立的假设成立时，分布效果好。

贝叶斯算法缺点：①朴素贝叶斯对特征条件独立分布的假设在实际应用中往往不成立；②训练集样本分布不能很好地代表实际样本空间时，先验概率不准确；③对输入数据的表达形式敏感。

5.6　K 近邻算法

1. 算法简介

K 近邻(K-nearest neighbor，KNN)算法是一种典型的懒惰学习(lazy learning)算法，可用于分类和回归任务，由 Cover 和 Hart 于 1967 提出[53]。K 近邻假设每个样本都可以用与其距离最近的 K 个邻居代表。该算法的基本思路是给定测试样本后，基于距离度量找到训练集中与其最靠近的 K 个训练样本，再基于这 K 个训练样本的标签来投票(平均)得到预测值。

常用的距离度量有：

闵可夫斯基距离(Minkowski distance)

$$D_p(x, y) = \left(\sum_{i=1}^{n} |x_i - y_i|^p \right)^{\frac{1}{p}} = \|x - y\|_p \tag{5-48}$$

曼哈顿距离(Manhattan distance)

$$D_1(x,y) = \sum_{i=1}^{n} |x_i - y_i| \tag{5-49}$$

欧几里得距离(Euclidean distance)

$$D_2(x,y) = \left(\sum_{i=1}^{n} |x_i - y_i|^2 \right)^{\frac{1}{2}} \tag{5-50}$$

汉明距离(Hamming distance)

$$D(x,y) = D(x,y) = \sum_{i=1}^{n} I(x_i, y_i) \tag{5-51}$$

其中，$x_i = y_i$ 时，$I(x_i, y_i) = 0$；否则 $I(x_i, y_i) = 1$。

马哈拉诺比斯距离(Mahalanobis distance)：

$$D(x,y) = \sqrt{(x-y)^{\mathrm{T}} \Sigma^{-1} (x-y)} \tag{5-52}$$

其中，Σ 是 x 和 y 之间的协方差。

余弦距离(cosine distance)：

$$D(x,y) = 1 - \frac{x \cdot y}{\|x\|_2 \cdot \|y\|_2} \tag{5-53}$$

K 近邻算法没有训练模型的过程，训练开销为 0，算法只是保存训练样本，收到测试样本后才开始计算样本距离，这是典型的懒惰学习；与之相反，在训练过程中就对训练样本进行学习的，称为急切学习(eager learning)。

2. 算法流程

K 近邻算法分为 3 个步骤。D 是训练数据集，x 是测试样本，作为算法的输入。算法最终输出测试样本的分类结果 y。

输入：训练数据集 $D = \{(x_1, y_1), (x_2, y_2), \cdots, (x_n, y_n)\}$，测试样本 x

输出：测试样本 x 所属的类别 y

(1) 选定距离度量，计算测试样本 x 与训练集 D 中各个样本之间的距离；

(2) 根据计算出的距离，选择距离测试样本 x 最近的 K 个训练样本；

(3) 通过投票方式，得到测试样本 x 的类别 y。

3. 算法优缺点

K 近邻算法优点：①算法简单，容易实现；②适用于分类和回归问题；③可以处理连续变量和离散变量；④适用于多分类问题，效果好；⑤不需要训练。

K 近邻算法缺点：①K 值对预测结果的影响大，K 值过小时容易受噪声影响，K 值过大时容易受类别不均衡的影响；②预测过程计算量大，需要计算每个训练样本和预测样本之间的距离。

5.7　高　斯　过　程

1. 算法简介

高斯过程(Gaussian processes)是一种基于统计学习理论和贝叶斯理论的监督学习方法，主要用来处理高维度、小样本、非线性的回归问题，也可以扩展为概率分类。

在概率论中，通常研究一个或多个有限个数的随机变量，并且假设随机变量之间相互独立。而随机过程主要研究无穷多个互相不独立、存在一定相关关系的随机变量。随机过程就是许多随机变量的集合，代表某个随机系统随着某个指示向量的变化。

随机过程可以由一个随机变量簇来表示，而高斯过程假设从这个随机变量簇中任意抽取有限个变量构成向量的联合概率分布为多维高斯分布。在高斯过程中，输入空间的每个点对应一个服从高斯分布的随机变量，任意个这些随机变量的组合的联合概率也服从高斯分布。

多维高斯分布由均值向量 μ 和协方差矩阵 Σ 定义。均值向量 μ 描述了该分布的期望值，描述了不同维度的均值。Σ 对每个维度的方差进行建模，并确定不同随机变量之间的关联。

根据高斯分布的性质以及测试集和训练集数据来自同一分布的特点，可以得到训练数据与测试数据的联合分布为高维的高斯分布，有了联合分布就容易求出预测数据 y^* 的条件分布 $p(y^*|y)$，对 y^* 的估计就用分布的均值来作为其估计值。

高斯回归的本质其实就是通过一个映射把自变量从低维空间映射到高维空间，只需找到合适的核函数，就可以知道 $p(f|x, X, y)$ 的分布，最常用的就是高斯核函数。

2.　算法流程

高斯过程算法分为 4 个步骤。D 是训练数据集，x 是测试样本，作为算法的输入。算法最终输出测试样本的分类结果 y。

输入：训练数据集 $D = \{(x_1, y_1), (x_2, y_2), \cdots, (x_n, y_n)\}$，测试样本 x

输出：测试样本 x 的标签 y

(1) 选择合适的均值向量 μ 和核函数 K，噪声变量 σ；

(2) 计算训练样本的核矩阵；

(3) 将核矩阵作为联合高斯分布的协方差矩阵，和标签联合计算条件概率分布；

(4) 由条件概率作线性回归预测。

3. 算法优缺点

高斯过程算法优点：①预测值是观察值的差值；②预测值是概率的，可以计算置信区间；③可以使用不同的核函数处理不同数据。

高斯过程算法缺点：①不适用稀疏数据，需要完整的样本信息；②计算复杂度高，不适合处理大数据。

5.8　集　成　学　习

传统机器学习算法的目标是在假设空间中找到一个稳定且各方面表现都好的模型将训练样本分开。但在实际情况中，往往只能获得在某些方面表现较好的弱学习器，这些弱学习器要么具有较高的偏差，要么方差过大导致泛化能力差。集成学习的基本思想就是通过一定的规则训练出多个个体学习器，然后用某种规则将多个个体学习器组合在一起，产生一个效果较好的强的集成学习器，达到降低方差和偏差、提高分类性能的目的。

集成方法可以大致分为串行集成方法、并行集成方法两类。

串行集成方法：个体学习器串行训练，基本思路是训练完一个个体学习器后，根据分类的结果调整样本的权重，给予标记错误的样本更高权重，再根据新的权重训练下一个个体学习器，使下一个学习器在标记错误的样本上表现更好。串行集成方法中个体学习器之间存在较强的依赖关系，代表算法有 Boosting、Adaboost。

并行集成方法：个体学习器并行训练，个体学习器之间没有先后顺序，基本思路是通过平均化独立的个体学习器来增加精确度。并行集成方法中个体学习器不存在强依赖关系，代表算法有 Bagging、随机森林。

(1) Boosting 是一种提升算法，可以减小学习器的偏差，将弱学习器提升为强学习器。基本流程是：

① 对所有样本赋予相同的权重，利用初始训练数据集获得一个个体学习器；

② 调整样本权重，赋予被前一个学习器标记错误的样本更高的权重，利用新的样本权重训练下一个个体学习器；

③ 重复第(2)步，直到获得 M 个学习器或者学习器误差低于阈值；

④ 组合个体学习器，一般来说，使用有权重的投票方式处理分类问题，使用加权平均的方式来处理回归问题。

(2) Bagging(bootstrap aggregating)又名自助法，可以降低学习器的方差。基本流程是：

① 使用有放回的抽样方法获得新的训练集；

② 使用新的训练集，训练得到一个个体学习器；

③ 重复步骤①和②，直到获得 M 个个体学习器；

④ 组合个体学习器，一般来说，使用投票法处理分类问题，使用简单平均法来处理回归问题。

(3) Stacking(stac ked generalization)是一种分层模型集成方法。基本流程是：

① 利用初级学习器学习原始训练集；

② 重复步骤①，将多个初级学习器的输出作为新的训练集；

③ 使用次级学习器学习新的数据集，获得最终的输出。

5.8.1　随机森林

1. 算法简介

随机森林是以决策树为个体学习器的集成学习算法。在构建决策树的时候，如果不限制树的深度和叶子节点的数量，让树完全生长，往往会带来过拟合问题。在实际应用中，一般使用随机森林来替代单个决策树。随机森林由 Breiman[54]提出，随机森林与决策树相比，会有更好的表现，尤其是避免过拟合。

随机森林是一种基于树模型的 Bagging 方法，包含多个树模型，算法结果由这些树模型投票得到。随机森林的核心在于"随机"，随机森林构建单个树模型时，会引入两到三层随机性，让每个树不一样，每个树"犯的错误"也不同，以提高组合后的效果。

随机森林的随机体现在：①对数据抽样时，每个树都独立在原始数据上做有放回的随机抽样，保证了树之间的独立性。②抽取完数据，每次随机取特征的一部分构造特征子集，从中选择最好的特征构造决策树。

2. 算法流程

随机森林算法可以处理分类和回归问题。X 是原始样本集，Y 是样本集的标签，$D = \{X, Y\}$ 作为算法的输入。K、M 是算法的超参数。算法最终输出构建好的 K 个决策树模型。

输入：训练数据集 $D = \{(x_1, y_1), (x_2, y_2), \cdots, (x_n, y_n)\}$，决策树个数 K，特征数量 M

输出：随机森林 $f(x)$

(1) 对原始训练数据集 D 使用有放回的随机抽样，生成 K 个训练子集。

(2) 使用新得到的训练子集分别训练 K 个决策树。

(3) 在决策树生成过程中，每个决策分支随机选择 $m(m \ll M)$ 个特征来寻找最佳分裂点。

(4) 将生成的多个决策树组合成随机森林。对于回归问题，将多个树的预测结果简单平均得到最终预测结果；对于分类问题，将多个树的分类结果投票得到最终分类结果。

3. 算法优缺点

随机森林算法优点：①可以解决分类和回归问题，并且表现都不错；②可以处理高维数据集，找到关键的特征，输出特征的重要程度；③可以处理缺失值；④由于引入了随机性，不容易过拟合，有一定的抗噪声能力；⑤训练数据的抽样方式，可以在树模型的生成过程中获得真实误差的无偏估计，并且不降低训练数据量。

随机森林算法缺点：①处理噪声过大的数据时会过拟合；②处理回归问题时不能给出连续的输出；③当特征有不同取值时，取值划分较多的特征对随机森林影响更大，获得的特征权重不可靠。

5.8.2　XGBoost

1. 算法简介

XGBoost(eXtreme Gradient Boosting)[55]是在 GBDT(Gradient Boosting Decision Tree)的基础上对 Boosting 算法的改进，是一个加法模型。

GBDT 中的个体学习器都是回归树，把所有树的预测结果平均后作为最终预测结果。GBDT 的核心在于，每个新的个体学习器学习的是之前所有学习器预测结果之和的残差(负梯度)。

在 GBDT 基础上，XGBoost 做了一些改进：

(1) GBDT 将目标函数泰勒展开到一阶，而 XGBoost 的目标函数泰勒展开到二阶，保留了更多的目标函数信息，学习效率更高；

(2) XGBoost 在代价函数中加入了正则项，用来控制学习器的复杂度；

(3) 在训练新的个体学习器时，GBDT 是寻找新的拟合标签(残差)，XGBoost 是寻找新的目标函数(目标函数的二阶泰勒展开)；

(4) XGBoost 增加了缺失值的处理机制，将带缺失值的样本分别划分到左右子树，根据两种情况下的目标函数来自动划分带缺失值的样本。

2. 算法流程

XGBoost 算法分为 3 个步骤。D 是训练数据集，作为算法的输入。K、M 是算法的超参数。算法最终输出 K 个回归树模型。

输入：训练数据集 $D = \{(x_1, y_1), (x_2, y_2), \cdots, (x_n, y_n)\}$，决策树个数 K，特征数量 M

输出：回归树集合

(1) 确定损失函数，并泰勒二阶展开，求出最优树权重、最优树结构和分裂标准函数；

(2) 按照分裂函数迭代生成新的树；

(3) 将每棵树的结果累加，得到最终的结果。

3. 算法优缺点

XGBoost 算法优点：①灵活性强，可以使用线性分类器作为个体学习器；②在目标函数中加入了正则项，有助于防止过拟合；③对损失函数进行了二阶泰勒展开，精度更高；④特征的信息增益可以并行计算，速度快。

XGBoost 算法缺点：①节点分裂过程中需要遍历数据寻找最佳分裂点；②特征预排序的空间复杂度高。

5.8.3　纠错输出编码

1. 算法简介

纠错输出编码(error correcting output codes，ECOC)作为输出表示，用于多分类学习任务。主要思想是，通过事先分别为各个类别定义一串编码序列(codeword)，在分类的时候，只需比较待分类样本与各串编码的差异程度(distance measure)。纠错输出编码算法利用纠错输出码本身具有纠错能力的特性，可以提高监督学习算法的预测精度。

类别的划分可以使用编码矩阵 M 来表示，每个类别对应一个长度为 n 的字符串(称为码字)，编码矩阵有多种常见的表现形式，如二元形式和三元形式。

在二元形式中，M 中的元素为+1 和-1，由+1 编码的区域表示正类，由-1 编码的区域表示负类，由此可以在编码后的二分区域上训练多个二分类器。常用的二元编码方案包括一对其余和密集随机方案。

在三元形式中，M 中的元素为+1、0 和-1。0 表示对应类别被排除到二元分类器的训练过程之外。常用的三元编码方案包括一对一方案和稀疏随机方案。

学习结束后获得 B 个二分器，在分类阶段，每个二分器对输入样本产生的输出形成输出向量，然后由决策规则判定输入样本的类别，这一过程又被称为解码。

2. 算法流程

ECOC 算法分为 4 个步骤。D 是训练数据集，x 是测试数据，作为算法的输入。B 是算法的超参数。算法最终输出测试数据 x 的标签 y 和 ECOC 编码矩阵。

输入：训练数据集 $D = \{(x_1, y_1), (x_2, y_2), \cdots, (x_n, y_n)\}$，测试数据 x

输出：测试数据 x 的标签 y

(1) 编码，构建一组 B 个不同的类别划分；

(2) 在每个划分上训练 B 个二元分类器；

(3) 给定测试样本，使用 B 个二元分类器的输出生成一个码字；

(4) 解码，将测试样本的码字和每个类别的码字做对比，取最相似码字的类别作为测试样本的类别。

3. 算法优缺点

纠错输出编码算法优点：①可以使用不同的基分类器；②对个别学习的错误有容忍和修正的能力；③基分类器数量越多，纠错的能力越强。

纠错输出编码算法缺点：①理想的纠错需要分类器在码字上出错的概率相当并且独立；②样本类别不多时，ECOC 编码长度超过一定范围会失去意义。

5.9　算法在油藏属性预测上的对比分析

将 Marmousi2 数据集划分成训练集和测试集两部分，其中训练集比例为60%，测试集比例为 40%，并以相同的间隔对地震剖面和模型进行采样，选择 Marmousi2 模型中 60%的均匀分布地震道和对应的 AI 迹线为训练集进行训练。整片区域的波阻抗真实数据如图 5-5 所示。结果采用决定系数(R^2)和皮尔逊相关系数(PCC)评价指标进行评估。

皮尔逊相关系数又称皮尔逊积矩相关系数(Pearson product-moment correlation coefficient，简称 PPMCC 或 PCCs)，是用于评价两个变量 X 和 Y 之间的线性相关性的评价指标，其值介于–1 与 1 之间。

两个变量的协方差和标准差进行商运算，通常代表他们的皮尔逊相关系数。首先对总体相关系数 ρ 进行计算，如式(5-54)所示：

$$\rho_{X,Y} = \frac{\text{cov}(X,Y)}{\sigma_X \sigma_Y} = \frac{E[(X - \mu_X)(Y - \mu_Y)]}{\sigma_X \sigma_Y} \tag{5-54}$$

再对样本的协方差和标准差进行估算，进而计算皮尔逊相关系数，其代表符号通常为英文小写字母 r，如式(5-55)所示：

$$r = \frac{\sum\limits_{i=1}^{n}(X_i - \bar{X})(Y_i - \bar{Y})}{\sqrt{\sum\limits_{i=1}^{n}(X_i - \bar{X})^2}\sqrt{\sum\limits_{i=1}^{n}(Y_i - \bar{Y})^2}} \tag{5-55}$$

通过对(X_i, Y_i)样本点的标准分数进行均值估计也可以获得r，如式(5-56)所示：

$$r = \frac{1}{n-1}\sum_{i=1}^{n}\left(\frac{X_i - \bar{X}}{\sigma_X}\right)\left(\frac{Y_i - \bar{Y}}{\sigma_Y}\right) \tag{5-56}$$

其中，$\dfrac{X_i - \bar{X}}{\sigma_X}$、$\bar{X}$及$\sigma_X$分别是对$X_i$样本的标准分数、平均值和标准差。式(5-55)与式(5-56)结果等价。

决定系数(coefficient of determination，记为R^2或r^2)在统计学中被用来评估发生变化的因变量中可通过自变量进行解释的内容的比例。表示单个随机变量与不同随机变量关系的数字特征，用来反映回归问题中因变量变化可靠程度，一般用符号“R^2”表示。

假设一数据集包括$y_1, y_2, \cdots, y_n$共n个观察值，根据观察值所获的预测值分别为$f_1, f_2, \cdots, f_n$。定义残差为$e_i = y_i - f_i$，平均观察值可由式(5-57)计算如下：

$$\hat{y} = \frac{1}{n}\sum_{i=1}^{n} y_i \tag{5-57}$$

于是可以得到总平方和，即

$$\text{SS}_{\text{tot}} = \sum_i (y_i - \hat{y})^2 \tag{5-58}$$

回归平方和，即

$$\text{SS}_{\text{reg}} = \sum_i (f_i - \hat{y})^2 \tag{5-59}$$

残差平方和，即

$$\text{SS}_{\text{res}} = \sum_i (y_i - f_i)^2 = \sum_i e_i^2 \tag{5-60}$$

由此，判定系数可定义为

$$R^2 = 1 - \frac{\text{SS}_{\text{res}}}{\text{SS}_{\text{tot}}} \tag{5-61}$$

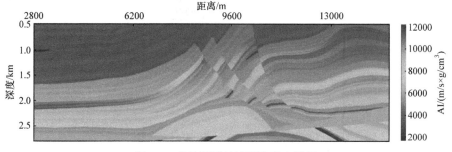

图 5-5　整片区域的波阻抗真实数据

图 5-6 显示了波阻抗真实值和预测值的散点图。图 5-6 表明，XGBoost 模型

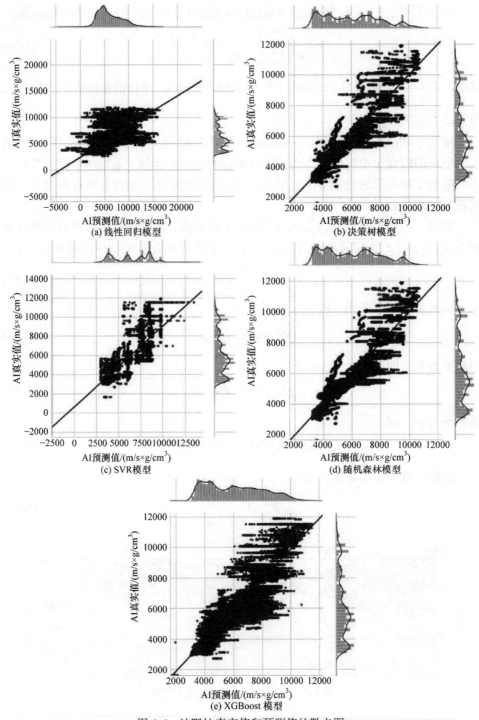

图 5-6　波阻抗真实值和预测值的散点图

所预测的结果与真实值的相关性相对较强；线性回归、决策树和随机森林模型所得到的结果与原始值的相关性较弱，模型没有明显的通用性，训练效果较差；而 SVR 模型所预测的波阻抗值与真实波阻抗值之间的线性相关性很弱，SVR 模型没有学习到合适的映射关系。

除此之外，本书也选取了在 1m、527m、1054m 和 1581m 处的波阻抗迹线。各模型在这四处位置的迹线拟合效果对比如图 5-7 所示。

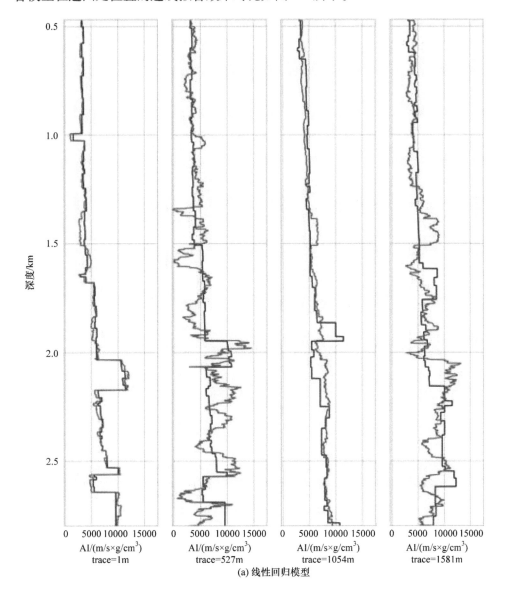

(a) 线性回归模型

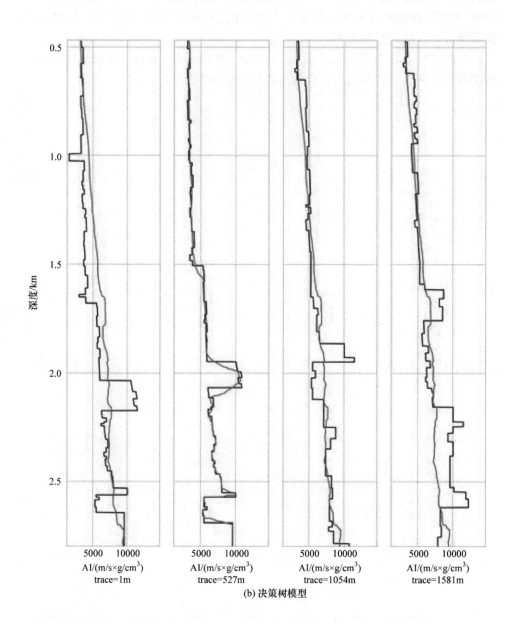

(b) 决策树模型

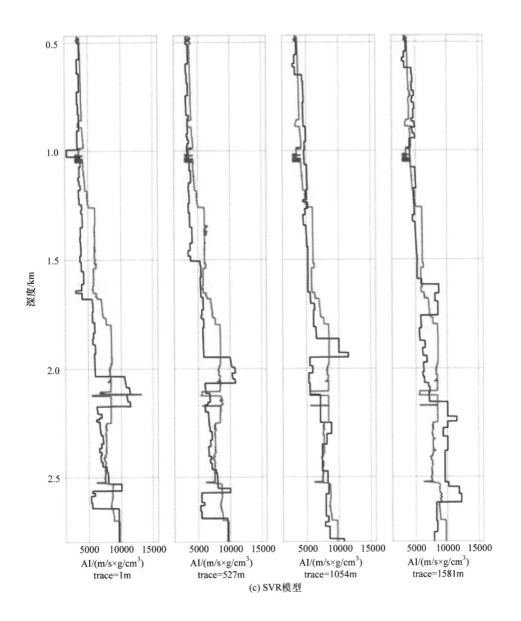

(c) SVR模型

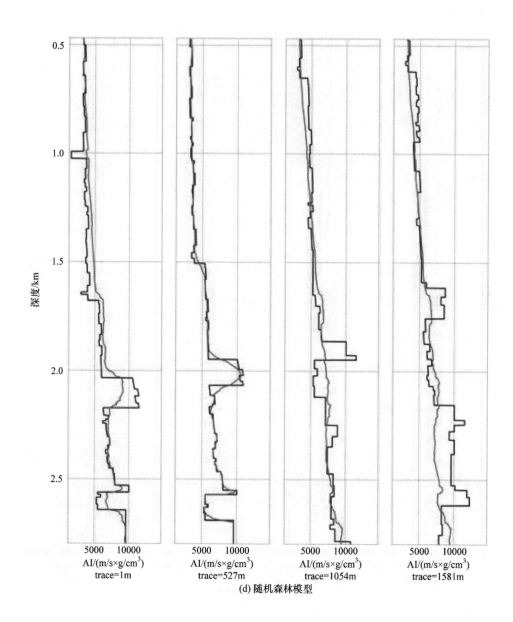

(d) 随机森林模型

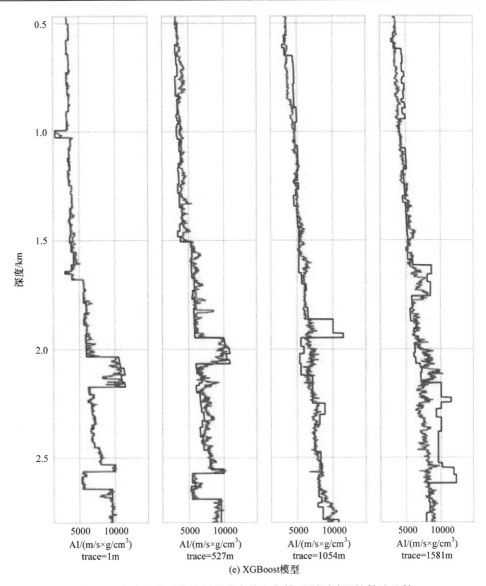

(e) XGBoost模型

图 5-7 在选定位置的波阻抗真实值和各模型预测波阻抗轨迹比较

　　波阻抗真实值和各模型预测值在 PCC 和 R^2 上评价结果如表 5-1 所示。在传统机器学习算法中，可以观察到决策树、随机森林、SVM 三种算法无论是训练数据和测试数据在 PCC 和 R^2 上的评价得分都较低，线性回归和 XGBoost 在训练集上的得分较高，但在测试集上的评分相对较低。

表 5-1 反演模型评价结果

模型	PCC		R^2	
	训练数据	测试数据	训练数据	测试数据
线性回归模型	0.9726	0.7499	0.9471	0.6048
决策树模型	0.8206	0.7915	0.7487	0.7303
SVR 模型	0.7599	0.7205	0.6407	0.6051
随机森林模型	0.8286	0.7987	0.7626	0.7427
XGBoost 模型	0.9713	0.9088	0.9442	0.8308

5.10 算法在 H6 数据地震相分类上的对比分析

本节利用前面介绍的聚类算法对 H6 数据进行相应的分类操作。各个分类算法的结果如表 5-2~表 5-10 所示,其中表 5-2 为分类算法准确率,表 5-3 为线性回归各类评价,表 5-4 为逻辑回归各类评价,表 5-5 为决策树各类评价,表 5-6 为支持向量机各类评价,表 5-7 为贝叶斯各类评价,表 5-8 为 K 近邻各类评价,表 5-9 为随机森林各类评价,表 5-10 为 XGBoost 各类评价。各个分类算法的可视化结果如图 5-8~图 5-15 所示。

表 5-2 分类算法准确率

算法	ACC
线性回归	0.13
逻辑回归	0.97
决策树	0.87
支持向量机	0.99
贝叶斯	0.58
K 近邻	0.96
随机森林	0.90
XGBoost	0.98

表 5-3 线性回归各类评价

类别	精确率	召回率	F1-score
第 1 类	0.97	0.98	0.98
第 2 类	0.97	0.96	0.97
第 3 类	0.99	0.99	0.99

续表

类别	精确率	召回率	F1-score
第4类	0.98	0.97	0.97
第5类	0.96	0.96	0.96
第6类	0.95	0.95	0.95

表 5-4　逻辑回归各类评价

类别	精确率	召回率	F1-score
第1类	0.97	0.98	0.98
第2类	0.97	0.96	0.97
第3类	0.99	0.99	0.99
第4类	0.98	0.97	0.97
第5类	0.96	0.96	0.96
第6类	0.95	0.95	0.95

表 5-5　决策树各类评价

类别	精确率	召回率	F1-score
第1类	0.88	0.88	0.88
第2类	0.85	0.87	0.86
第3类	0.95	0.91	0.93
第4类	0.85	0.86	0.85
第5类	0.93	0.91	0.92
第6类	0.77	0.81	0.79

表 5-6　支持向量机各类评价

类别	精确率	召回率	F1-score
第1类	0.99	1.00	1.00
第2类	0.99	0.99	0.99
第3类	1.00	1.00	1.00
第4类	0.99	0.99	0.99
第5类	1.00	0.99	0.99
第6类	0.99	0.99	0.99

表 5-7　贝叶斯各类评价

类别	精确率	召回率	F1-score
第 1 类	0.49	1.00	0.65
第 2 类	0.78	0.33	0.46
第 3 类	0.68	0.84	0.75
第 4 类	0.65	0.25	0.36
第 5 类	0.65	0.57	0.61
第 6 类	0.74	0.27	0.40

表 5-8　K 近邻各类评价

类别	精确率	召回率	F1-score
第 1 类	0.96	0.97	0.97
第 2 类	0.96	0.95	0.95
第 3 类	0.98	0.98	0.98
第 4 类	0.95	0.95	0.95
第 5 类	0.97	0.97	0.97
第 6 类	0.96	0.94	0.95

表 5-9　随机森林各类评价

类别	精确率	召回率	F1-score
第 1 类	0.87	0.93	0.90
第 2 类	0.90	0.86	0.88
第 3 类	0.95	0.94	0.95
第 4 类	0.88	0.86	0.87
第 5 类	0.93	0.93	0.93
第 6 类	0.87	0.84	0.85

表 5-10　XGBoost 各类评价

类别	精确率	召回率	F1-score
第 1 类	0.98	0.98	0.98
第 2 类	0.97	0.97	0.97
第 3 类	0.98	0.99	0.99
第 4 类	0.98	0.97	0.97
第 5 类	0.98	0.98	0.98
第 6 类	0.96	0.96	0.96

图 5-8　线性回归地震相分类结果图：左(标签)和右(预测)

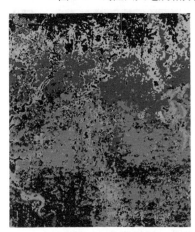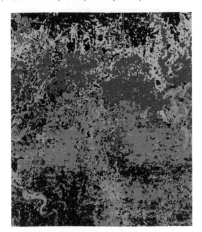

图 5-9　逻辑回归地震相分类结果图：左(标签)和右(预测)

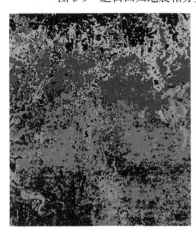

图 5-10　决策树地震相分类结果图：左(标签)和右(预测)

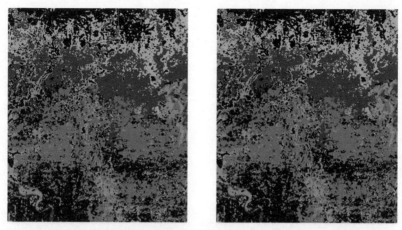

图 5-11　支持向量机地震相分类结果图：左(标签)和右(预测)

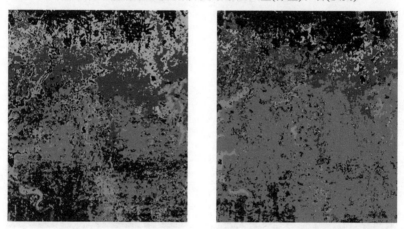

图 5-12　贝叶斯地震相分类结果图：左(标签)和右(预测)

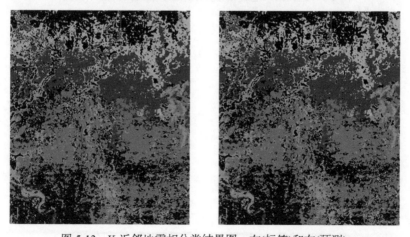

图 5-13　K 近邻地震相分类结果图：左(标签)和右(预测)

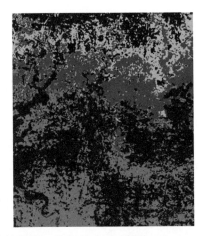

图 5-14 随机森林地震相分类结果图：左(标签)和右(预测)

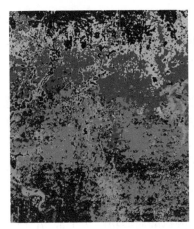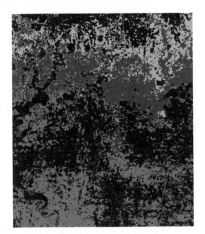

图 5-15 XGBoost 地震相分类结果图：左(标签)和右(预测)

5.11 本 章 小 结

本章介绍了有监督学习的概念和相关算法。对有监督学习中的线性回归、逻辑回归、决策树、支持向量机、贝叶斯算法、K 近邻算法、高斯过程和集成学习等经典算法的原理和过程进行了详细介绍。随后在油藏属性预测任务和地震相分类任务上对上述算法进行了实践。

第 6 章　深度学习算法原理与应用

深度学习是机器学习的一个子领域，它使用了多层次的非线性信息对问题进行处理和抽象，用于有监督或无监督的特征学习、表示、分类和模式识别。深度学习方法为计算机视觉和机器学习带来了革命性的进步。

6.1　深度学习基础概念

6.1.1　深度学习发展历史

最早的神经网络(neural network，NN)的思想起源于 1943 年的 McCulloch-Pitts(MCP)人工神经元模型，当时是希望能够用计算机来模拟人的神经元反应的过程。该模型将神经元简化为了三个过程：输入信号线性加权、求和、非线性激活(阈值法)。

第一次将 MCP 用于机器学习(分类)的当属 1958 年 Rosenblatt 发明的感知器算法。该算法使用 MCP 模型对输入的多维数据进行二分类，且能够使用梯度下降法从训练样本中自动学习更新权值。1962 年，该方法被证明能够收敛，理论与实践效果引起第一次神经网络的浪潮。然而学科发展的历史不总是一帆风顺的。1969 年，美国数学家及人工智能先驱 Minsky 在其著作中证明了感知器本质上是一种线性模型，只能处理线性分类问题，就连最简单的 XOR(异或)问题都无法正确分类。这等于直接宣判了感知器的死刑，神经网络的研究也陷入了近 20 年的停滞。

第一次打破非线性诅咒的当属现代深度学习领域权威专家 Hinton，其在 1986 年发明了适用于多层感知器(MLP)的 BP 算法，并采用 sigmoid 进行非线性映射，有效解决了非线性分类和学习的问题，该方法引起了神经网络的第二次热潮[56]。1989 年，RobertHecht-Nielsen 证明了 MLP 的万能逼近定理，即对于任何闭区间内的一个连续函数 f，都可以用含有一个隐含层的 BP 网络来逼近。该定理的发现极大地鼓舞了神经网络的研究人员。1989 年，LeCun 发明了卷积神经网络 LeNet，并将其用于数字识别，取得了较好的成绩，不过当时并没有引起足够的注意。

在 1989 年以后由于没有特别突出的方法被提出，且 NN 一直缺少相应的严格的数学理论支持，神经网络的热潮渐渐冷淡下去。冰点来自 1991 年，BP 算法被指出存在梯度消失问题，即在误差梯度后向传递的过程中，后层梯度以乘性方式叠加到前层，由于 sigmoid 函数的饱和特性，后层梯度本来就小，误差梯度传到前层时几乎为 0，因此无法对前层进行有效学习，该发现对此时的神经网络发展雪上加霜。1997 年，长短期记忆网络(long short term memory networks，LSTM)模型被发明，尽管该模型在序列建模上的特性非常突出，但由于正处于神经网络的下坡期，也没有引起足够的重视。

2006 年是深度学习元年，Hinton 提出了深层网络训练中梯度消失问题的解决方案：无监督预训练对权值进行初始化+有监督训练微调。其主要思想是先通过自学习的方法学习到训练数据的结构(自动编码器)，然后在该结构上进行有监督训练微调。但是由于没有特别有效的实验验证，该论文并没有引起重视。2011 年，ReLU 激活函数被提出，该激活函数能够有效地抑制梯度消失问题。2011 年，微软首次将 DL 应用在语音识别上，取得了重大突破。2012 年，Hinton 课题组在ImageNet 图像识别比赛，其构建的 CNN 网络 AlexNet 一举夺得冠军，且碾压第二名(SVM 方法)的分类性能[57]，引到了众多研究者的注意。AlexNet 的创新点：

(1) 首次采用 ReLU 激活函数，极大增大收敛速度且从根本上解决了梯度消失问题。

(2) 由于 ReLU 方法可以很好抑制梯度消失问题，AlexNet 抛弃了"预训练+微调"的方法，完全采用有监督训练。也正因为如此，深度学习的主流学习方法也因此变为了纯粹的有监督学习。

(3) 扩展了 LeNet5 结构，添加 Dropout 层减小过拟合，LRN 层增强泛化能力/减小过拟合。

(4) 首次采用 GPU 对计算进行加速。

2015 年 Hinton、LeCun、Bengio 论证了局部极值问题对于 DL 的影响可以忽略[58]。该论断也消除了笼罩在神经网络上的局部极值问题的阴霾。具体原因是深层网络虽然局部极值非常多，但是通过 DL 的 BatchGradientDescent 优化方法很难陷进去，而且就算陷进去，其局部极小值点与全局极小值点也是非常接近。

6.1.2　BP 神经网络

大脑是人类活动的"信息处理中心"，支配着人类大多数的生命活动。大脑中存在着无数神经元，是大脑处理信息的基本单元。神经元之间相互连接，构成神经网络，不同区域的神经网络负责不同的功能，各区域相互协作，完成大脑的所有处理活动。当外界信息通过感官系统传到大脑时，大脑对其做一个简单的模式分析和识别，再将其交给对应的处理区域。在学习过程中，大脑接收的信息越多，各个区域存储的模式以及模式之间的联系也就越多。如此积累下去，大脑逐渐理解模式分类的规则以及模式之间的联系，最终形成对世界各种事物的认知。

生物神经元又叫神经细胞，是一个长突起的细胞，主要由细胞体、树突、轴突和突触构成。树突是神经元两端呈树枝状的突起，是接收其他神经元信息的入口。轴突是神经元中一个细长的突起。突触是两个神经元传递冲动相互接触的地方。与其他神经元的树突相连，当兴奋达到一定阈值时，突触前膜向突触间隙释放神经传递的化学物质，实现神经元之间的信息传递。人工神经网络中的神经元模仿了生物神经元的这一特性，利用激活函数将输入结果映射到一定范围内，若映射后的结果大于阈值，则神经元被激活。

感知器随着权重和阈值的变化，可以得到不同的决策模型。Rosenblatt 提出了一个简单算法来计算输出：通过带权重的连接，表示相应输入对输出的重要性，神经元的输出由加权和以及阈值决定。神经元是构成神经网络的基本单元，通过调整内部节点之间的相互连接关系，达到处理信息的目的。神经元使用一个非线性的激活函数，得到一个输出。一般的神经网络是层级结构，每层神经元与下一层神经元相互连接，同层神经元及跨层神经元之间相互无连接，每一层神经元的输出作为下一层神经元的输入，这种网络被称为前馈神经网络。Rumelhart 和 McClelland 于1985 年提出了 BP 网络的误差反向后传 BP(back propagation)学习算法[56]。利用输出后的误差来估计输出层的直接前导层的误差，再用这个误差估计更前一层的误差，如此一层一层地反传下去，就获得了所有其他各层的误差估计。

6.1.3 卷积神经网络

卷积神经网络(convolutional neural network，CNN)与普通神经网络非常相似，它们都由具有可学习的权重和偏置的神经元组成。每个神经元都接收一些输入，并做一些点积计算，输出是每个分类的分数，普通神经网络里的一些计算技巧到这里依旧适用。与普通神经网络不同之处：卷积神经网络默认输入是图像，可以把特定的性质编码入网络结构，使前馈函数更加有效率，并减少了大量参数。

卷积层是卷积神经网络的核心部分，其中的卷积操作代表卷积层的灵魂。通过覆盖与卷积核相同尺寸的图像区域，对元素进行计算和最终的整合，从而得到该区域图像主要的特征信息。这种操作的另一个优点就是完全保留了原始图像区域的空间信息，相邻像素的位置关系没有受到变换与破坏。

经过实践的证明，卷积神经网络由于仅用卷积操作，更加适用于对图像内容的处理。首先，在参数数量上，卷积层因为卷积核的存在，使得模型参数量得到减少，相邻网络层的神经元之间具有"局部连接"的特点，以卷积核为媒介进行连接，同时此卷积核的参数矩阵为这两层神经元所共有，即具有"权值共享"的优点。其次，在图像领域的分类与识别研究中，每个像素与周围像素之间的联系是比较紧密的，卷积核能够充分发挥其区域性特点，将每个区域之内的像素相关联并进行学习，方法快速准确。

池化层的主要作用是将数据下采样，使得特征图的空间维度降低，去除不重要的、参考价值低的数据信息，可以保留大部分重要的信息，进一步减少参数数量。图像是一种空间信息特别重要的数据类型，其像素值存在区域性和渐变性，根据某一区域的像素分布情况可以大概率预测出其相邻区域的内容，这种性质也被称为图像的"静态性"。因此，对当前区域的像素特征进行统计，可以表达出区域的总体特征信息。例如，统计卷积核所覆盖区域内某一特征信息的均值、最大值、总和等方法来表示该范围内的总体特征。常见的池化方法有最大池化(max pooling)、平均池化(average pooling)、求和池化(sums pooling)等。

对于最大池化，选择图像中每一个区域内像素值最大像素点，并作为卷积结果输出。除了选择最大值，还可以计算卷积核覆盖区域的均值、加权和等并输出。大量实践证明，最大池化更加适合作为池化层的首选。

卷积神经网络中的最后一层大多数都是全连接层(fully connected layers，FC)，全连接层承担了卷积神经网络主要的计算量，一般作为输出层输出结果，实现最终的分类与预测。全连接所有神经元可视为网络模型最终提取到的重要特征信息，同时相邻网络层是全连接状态，每个神经元或特征都有单独的权重进行衡量，具有综合分析的功能。如经典的深度学习模型 VGG16，第一个全连接层便拥有 4096 个神经元，其前一层共有 25088 个神经元，则在这两层的信息传递过程中就需要 4096×25088 个权值，对计算机资源的分配是一个很大的挑战。全连接层是卷积神经网络最终特征信息的存储器，同时也起到分类的作用，将之前网络学习到的所有形式的特征表达转换到输出空间，整合数据之后得到最终的预测结果。

6.1.4 循环神经网络

全连接神经网络(full connected neural network，FCNN)具有局限性，其同一层的节点之间是无连接的，当需要用到序列之前时刻的信息时，FCNN 无法办到。由于 FCNN 一个序列的不同位置之间无法共享特征，所以只能单独地处理一个个的输入，即前一个输入和后一个输入之间没有关系，无法处理在时间或空间上有前后关联的输入问题。然而许多学习任务都需要处理序列的信息，如时间序列预测、任务型对话等都要求模型必须从序列的输入中学习。针对序列输入的需求，循环神经网络(recurrent neural network，RNN)应运而生。

RNN 应用于输入数据具有依赖性且是序列模式时的场景，即前一个输入和后一个输入是有关系的。与 FCNN 结构不同的是，RNN 的隐藏层是循环的。这表明隐藏层的值不仅取决于当前的输入值，还取决于前一时刻隐藏层的值。具体的表现形式是，RNN "记住"前面的信息并将其应用于计算当前输出，这使得隐藏层之间的节点是有连接的。

然而，在训练 RNN 的过程中容易出现梯度爆炸和梯度消失的问题，导致在训练时梯度的传递性不高，即梯度不能在较长序列中传递，从而使 RNN 无法检测到长序列的影响。梯度爆炸问题是指在 RNN 中，每一步的梯度更新可能会积累误差，最终梯度变得非常大，以至于 RNN 的权值进行大幅更新，程序将会收到 NaN 错误。一般而言，梯度爆炸问题更容易处理，可以通过设置一个阈值来截取超过该阈值的梯度。梯度消失的问题更难检测，可以通过使用其他结构的 RNN 来应对，如长短期记忆网络(long short-term memory network，LSTM)和门控循环单元(gated recurrent unit，GRU)。

由于存在梯度消失问题，RNN 只能有短期记忆，而存在"长期依赖"的问题。LSTM 在 RNN 的基础上进行了改进，与 RNN 的基本结构中的循环层不同的是，LSTM 使用了三个"门"结构来控制不同时刻的状态和输出，即"输入门""输出门"和"遗忘门"。LSTM 通过"门"结构将短期记忆与长期记忆结合起来，可以缓解梯度消失的问题。

"门"结构是一个使用了按位相乘操作的 FCNN，其激活函数为 sigmoid 函数。sigmoid 函数将输出一个 0~1 的数值用来表示当前时刻能通过"门"的信息数。0 表无法通过任何信息，1 表示可以通过全部信息。

"遗忘门"控制了前一时刻能传递到当前时刻单元状态的信息数，"输入门"控制了当前时刻的输入能保存到单元状态的信息数，"输出门"决定了单元状态能输出到当前状态输出值的信息数。

GRU 在 LSTM 的基础上进行了改进，它在简化 LSTM 结构的同时保持着和 LSTM 相同的效果。相比于 LSTM 结构的三个"门"，GRU 将其简化至两个"门"："更新门"和"重置门"。"更新门"的作用是控制前一时刻的单元状态有多少信息数能被代入当前状态中，"重置门"的作用是控制前一状态能被写入当前状态的信息数。

6.2　神经网络预测方法

6.2.1　基于 CNN 的波阻抗反演模型

首先并行使用 2 个一维卷积块进行特征提取，随后连接卷积块组合输出特征。每个卷积块都由单个卷积层、组归一化[59]和激活函数组成。激活函数为双曲正切函数[60]。同时，在每个卷积块之后添加 dropout 层(dropout 层的参数值设为 0.2)，基于 CNN 的模型结构和实验流程如图 6-1 所示。

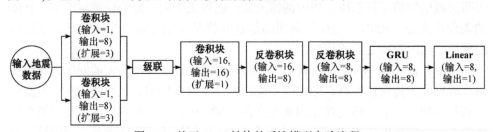

图 6-1　基于 CNN 结构的反演模型实验流程

实验流程中的反卷积模块由 2 个反卷积块(deconv block)组成，如图 6-2 所示。反卷积块的结构与卷积块类似。每个反卷积块都具有一个反卷积层，随后进行归一化，并连接一个激活函数，其中激活函数类型为双曲正切函数。反卷积模块用于对地震数据和测井数据之间的分辨率失配问题进行补偿，提升特征图的大小，完成上采样。

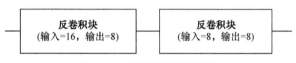

图 6-2　反卷积模块结构图

回归模块是模型中最后一个模块，如图 6-3 所示，该模块由 GRU 部分和一个线性映射层组成，其作用是将之前所提取的特征回归到目标域(AI 域)。其中，GRU 部分只有一个简单的 1 层 GRU，负责使用全局时间特征来增加插值输出。线性映射层相当于全连接层，它将从之前 GRU 中获取的输出特征映射回 AI 值。

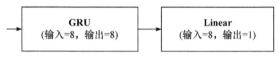

图 6-3　回归模块结构图

6.2.2　基于 LSTM 的波阻抗反演模型

单一的 LSTM 层只包括 2 个 LSTM 网络序列，相当于一个 2 层深度的 LSTM 网络。包含 LSTM 结构的反演模型实验流程如图 6-4 所示，其中模型中的反卷积模块和回归模块同 6.2.1 节。

图 6-4　包含 LSTM 结构的反演模型实验流程

6.2.3　CNN-LSTM 融合结构的波阻抗反演模型

本节搭建的反演模型共由三部分组成，分别为 CNN-LSTM 融合模型、反卷积模块和回归模块。

CNN-LSTM 融合模型由 CNN 层和 LSTM 层两部分构成，如图 6-5 所示。

CNN 层由多个卷积块组成。首先并行使用 2 个具有不同膨胀因子的一维卷积块进行特征提取，随后连接另一卷积块组合并行卷积块的输出特征。每个卷积块都由一个卷积层、随后的组归一化和一个激活函数组成，其中选择了双曲正切函数作为激活函数。同时，在每个卷积块之后添加 dropout 层(dropout 层的参数值设为 0.2)，防止出现过拟合问题的情况，增强 CNN 层的泛化能力。CNN 层负责输入样本轨迹中高频趋势的捕获。

LSTM 层由 2 个 LSTM 网络序列构成，等效于一个 2 层深度的 LSTM 网络。相对于单层 LSTM 来说，较深的网络能够更好地抓取复杂的输入输出关系建模，产生平稳的输出。LSTM 层负责弥补 CNN 在序列数据时间性特征问题处理上的不足，对长期依赖性进行捕获。输出的是样本轨迹中的低频趋势。

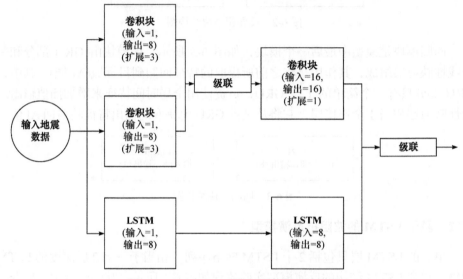

图 6-5　CNN-LSTM 融合反演模型结构图

基于 CNN-LSTM 融合模型的反演预测模型流程图如图 6-6 所示。模型选择均方误差(mean square error，MSE)作为损失函数，并选择 adam 作为优化器，加入学习率衰减的技术以帮助模型取得更好的效果。其中，学习率为 0.001，权重衰减为 0.0001，缺失值为 0.2。

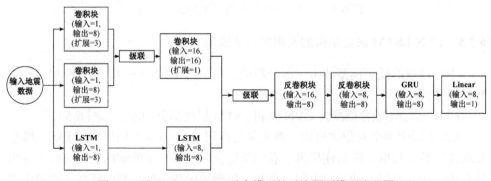

图 6-6　基于 CNN-LSTM 融合模型的反演预测模型流程图

6.3　算法在油藏属性预测上的对比分析

对 Marmousi2 数据集进行划分,训练集和测试集分别占数据总量的 60%和40%,并以相同的间隔对地震剖面和模型进行采样的方式,选择 Marmousi2 模型中 60%的均匀分布地震道和对应的 AI 迹线为训练集进行训练。采用皮尔逊相关系数(PCC)和确定系数(R^2)作为评价指标衡量结果。

训练完毕后,分别使用各个模型预测波阻抗信息。图 6-7 显示了各模型预测的波阻抗信息与实际波阻抗信息图像对比的结果。展示图皆为预测波阻抗值的直接输出,没有进行后处理。

对比图像可以观察到,经过含有神经网络结构的反演模型的波阻抗预测值与波阻抗真实值之间都具有一定的视觉相似度。单一的 LSTM 模型所得到的预测值图像存在区域模糊化问题,单一的 CNN 模型预测结果视觉上虽比其效果略好一些,但是在中央区域依旧存在比较明显的模糊化问题。而 CNN-LSTM 融合模型对这两个问题都有明显的改善和提高,视觉相似性也远远高于两个单一的神经网络结构模型,表明该模型的表现结果明显高于其他对比模型。

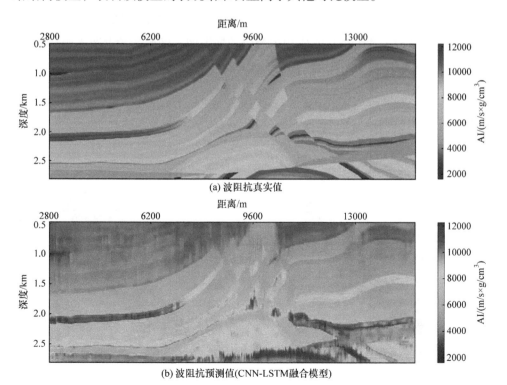

(a) 波阻抗真实值

(b) 波阻抗预测值(CNN-LSTM融合模型)

(c) 波阻抗预测值(单一CNN模型)

(d) 波阻抗预测值(单一LSTM模型)

图 6-7　整片区域的波阻抗真实数据和预测数据的图像对比

　　图 6-8 显示了波阻抗真实值和预测值的散点图。图中的散点图表明,CNN-LSTM 融合模型所预测波阻抗值同真实波阻抗值整体上存在很强的线性相关性。含有单一 CNN 结构的模型预测值和真实值之间具有一定的线性相关性,但在部分位置的相关性较差,而含有单一LSTM结构的模型只有小部分的预测值和真实值具有一定的线性相关性,整体的线性相关性较弱。

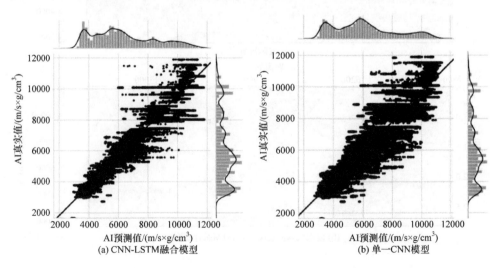

(a) CNN-LSTM融合模型

(b) 单一CNN模型

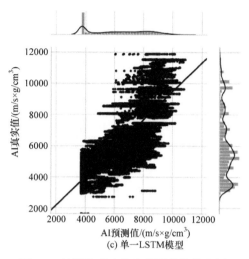
(c) 单一LSTM模型

图 6-8　波阻抗真实值和预测值的散点图

除此之外，本书还选取了在 1m、527m、1054m 和 1581m 处的波阻抗迹线。各模型在这四处位置的迹线拟合效果对比如图 6-9 所示。从对比图中可以看出，CNN-LSTM 融合模型在各个位置上预测的迹线与真实迹线都在很大程度上吻合，对部分波阻抗信息的突然变化能做到较好地预测。而单一 CNN 模型只对迹线整体变化趋势预测效果较好，但是对于波阻抗值的突然变化并不能很好地预测；单一 LSTM 模型对波阻抗迹线的拟合并不是十分准确，在部分深度中对波阻抗预测与真实值相差较大，同时对波阻抗值的突然变化也都未能做到准确预测。

波阻抗真实值和各模型得到的波阻抗预测值在 PCC 和 R^2 上评价结果如表 6-1 所示，可以看出，CNN-LSTM 融合模型无论是训练数据还是验证数据在 PCC 和 R^2 上的评价得分较高，证实了该反演模型能够学会很好地从地震轨迹中预测 AI 并推广到训练数据之外，具有较好的通用性。

从单一 CNN 模型的评价结果可以看出，该模型训练集的数据在 PCC 和 R^2 上的评价得分相对较高，但与在未参与训练的测试集上的得分有较大的差距，这表明含有单一 CNN 结构的模型可以从训练集中学到一定的地震数据和波阻抗之间的映射关系，但并不能够很好地推广到训练数据之外。同样地，含有单一 LSTM 结构的模型能够在训练过程中学到通过地震数据预测波阻抗的方法，但也存在与训练数据之外的数据适配性不高的问题。两个含有单一神经网络的模型都存在训练数据和未参与训练的数据在评价得分上相差较大的问题，模型的拓展性和应用能力不高。

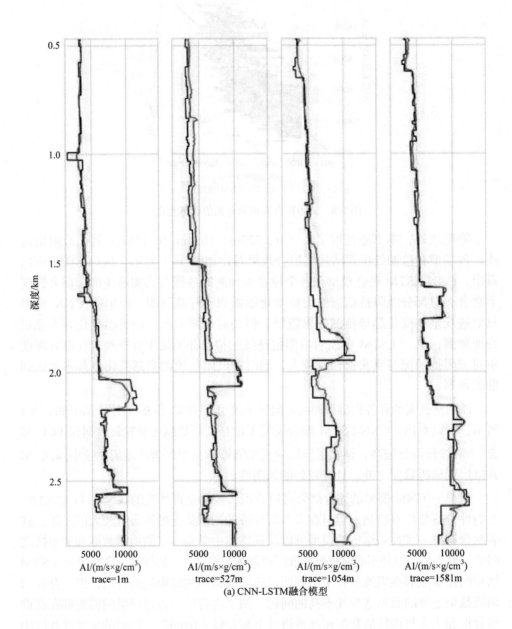

(a) CNN-LSTM融合模型

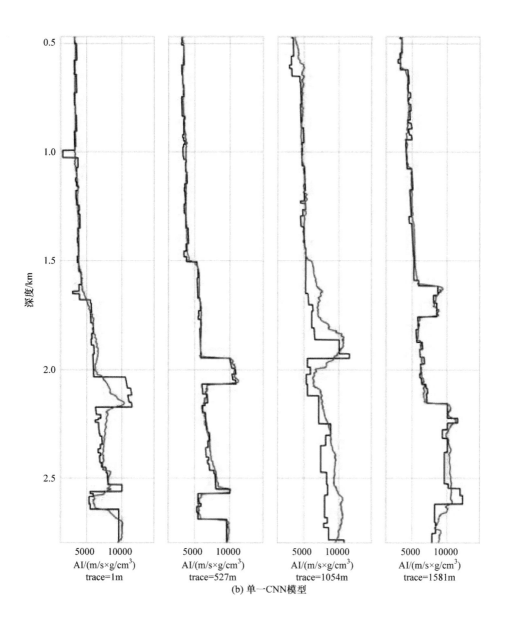

(b) 单一CNN模型

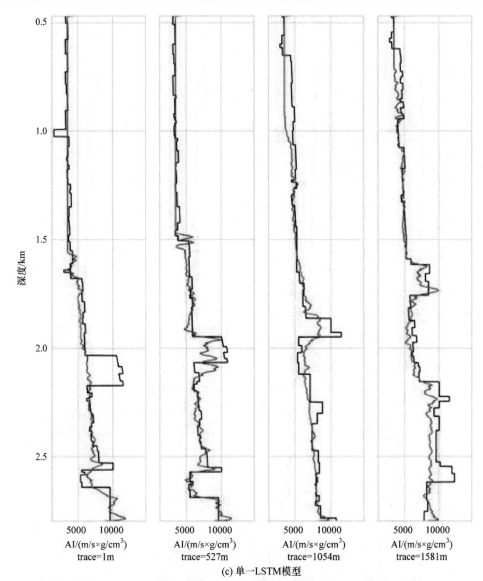

(c) 单一LSTM模型

图 6-9　在选定位置的真实轨迹和预测波阻抗轨迹比较

表 6-1　反演模型评价结果

	PCC		R^2	
	训练数据	测试数据	训练数据	测试数据
CNN-LSTM 融合模型	0.9736	0.9709	0.9481	0.9432
单一 CNN 模型	0.9452	0.8841	0.9120	0.8591
单一 LSTM 模型	0.9489	0.8955	0.9216	0.8812

6.4　本 章 小 结

　　本章首先介绍了深度学习的相关概念，对 BP 神经网络、卷积神经网络和循环神经网络进行了详细的阐述；然后介绍了三种神经网络波阻抗预测模型：基于 CNN 的波阻抗反演模型、基于 LSTM 的波阻抗反演模型和 CNN-LSTM 融合结构的波阻抗反演模型；最后在油藏属性预测任务上对上述的模型进行了实践。

第7章 时间序列算法原理与应用

时间序列是指将某种现象或者某一个统计指标在不同时间上的各个数值，按时间先后顺序排列而形成的序列。时间序列是很多数据不可缺少的特征之一，其应用很广泛，如应用在天气预测、人流趋势、金融预测等。时间序列分析可以分为：平稳序列与非平稳序列。平稳序列是基本不存在趋势的序列，这类序列中的各观察值基本上在某个固定的水平上波动，虽然在不同时间段波动的程度不同，但并不存在某种规律，其波动可以看成是随机的。非平稳序列是包含趋势、季节性或周期性的序列，它可能只含有其中的一种成分，也可能是几种成分的组合。

7.1 时间序列算法

7.1.1 平稳的时间序列模型

只有平稳的时间序列才可以进行统计分析，因为平稳性保证了时间序列数据出自同一分布，以便后续均值、方差、延迟 K 期协方差、延迟 K 期相关系数的计算。通常所说的平稳时间序列，是指在任意时间下，序列的均值、方差存在并为常数，且自协方差函数与自相关系数只与时间间隔 K 有关。

如果一个时间序列经证实为平稳时间序列，那么可以尝试采取以下几种模型进行建模。

1) AR 自回归模型

自回归模型是将时间序列中的值回归到相同时间序列中的先前值的模型。在此模型中，下一个值表示为所有先前时间戳值(也称为滞后值)的线性组合。时间序列当期观测值 X_t 与前 p 期有线性关系，而与前 $p+1$ 期及之后无线性关系。如式(7-1)所示：

$$y_t = u_t + \sum_{i=1}^{p} \gamma_i y_{t-i} + \epsilon_t \tag{7-1}$$

其中，y_t 为当前值，u_t 为常数项，p 为阶数，γ_i 为自相关系数，ϵ_t 为误差。

自回归模型的限制：①自回归模型是用自身的数据进行预测；②必须具有平稳性；③必须具有相关性，如果自相关系数(γ_i)小于 0.5，则不宜采用；④自回归只适用于预测与自身前期相关的现象。

2) MA 移动平均模型

移动平均模型假设时间序列当期观测值 X_t 与之前其时刻值 X_{t-1}，X_{t-2}，…无线性关系，而与前 $t-1, t-2, \cdots, t-q$ 期进入系统的扰动项有一定的相关性。如式(7-2)所示：

$$y_t = u + \sum_{i=1}^{p} \theta_i \epsilon_{t-i} + \epsilon_t \tag{7-2}$$

移动平均法能有效地消除预测中的随机波动。

3) ARMA 自回归移动平均模型

ARMA 是自回归模型和移动平均模型的结合，即 X_t 不仅与以前时刻的自身值有关，还和其以前 $t-1, t-2, \cdots, t-q$ 期进入系统的扰动项有一定的相关性。如式(7-3)所示：

$$y_t = u + \sum_{i=1}^{p} \theta_i \epsilon_{t-i} + \sum_{i=1}^{p} \gamma_i y_{t-i} + \epsilon_t \tag{7-3}$$

4) ARIMA 差分自回归移动平均模型

平稳时间序列的建模步骤：

(1) 计算出该序列的自相关系数(ACF)和偏相关系数(PACF)。

(2) 模型识别，也称模型定阶。根据系数情况从 AR 模型、MA(q)模型、ARMA(p, q)模型、ARIMA(p, d, q)模型中选择合适模型，其中 p 为自回归项，d 为差分阶数，q 为移动平均项数。

若平稳序列的偏相关函数是截尾的，而自相关函数是拖尾的，可断定序列适合 AR 模型；若平稳序列的偏相关函数是拖尾的，而自相关函数是截尾的，则可断定序列适合 MA 模型；若平稳序列的偏相关函数和自相关函数均是拖尾的，则序列适合 ARMA 模型。截尾是指时间序列的自相关函数(ACF)或偏自相关函数(PACF)在某阶后均为 0 的性质(如 AR 的 PACF)；拖尾是 ACF 或 PACF 并不在某阶后均为 0 的性质(如 AR 的 ACF)。

(3) 估计模型中的未知参数的值并对参数进行检验。

(4) 模型检验。

(5) 模型优化。

(6) 模型应用：进行短期预测。

7.1.2　非平稳的时间序列模型

如果一个时间序列经证实是非平稳的，那么 ARMA 模型就不能直接运用了，需要 ARIMA 模型。

ARIMA 模型全称为差分自回归移动平均模型(autoregressive integrated moving

average model，ARIMA)。是由 Box 和 Jenkins 于 70 年代初提出的一种著名时间序列预测方法，所以又称为 Box-Jenkins 模型、博克思-詹金斯法。I 是差分的含义，ARIMA 是经过差分后的 ARMA 模型，保证了数据的稳定性。

ARIMA 模型有三个参数：p、d、q。其中，p 代表预测模型中采用的时序数据本身的滞后数(lags)，也叫作 AR/Auto-Regressive 项；d 代表时序数据需要进行几阶差分化，才是稳定的，也叫 Integrated 项；q 代表预测模型中采用的预测误差的滞后数(lags)，也叫作 MA/Moving Average 项。

ARIMA(p, d, q)模型实质是先对非平稳的历史数据 Y_t 进行 d 次差分处理得到新的平稳的数据序列 X_t，将 X_t 拟合 ARMA(p, q)模型，然后再将原 d 次差分还原，便可以得到 Y_t 的预测数据。

ARIMA 建模基本步骤：

(1) 获取被观测系统时间序列数据。

(2) 对数据绘图，观测是否为平稳时间序列；对于非平稳时间序列要先进行 d 阶差分运算，化为平稳时间序列。

(3) 经过第(2)步处理，已经得到平稳时间序列。要对平稳时间序列分别求得其自相关系数 ACF 和偏自相关系数 PACF，通过对自相关图和偏自相关图的分析，得到最佳的阶层 p 和阶数 q。

(4) 由以上得到的 d、q、p，得到 ARIMA 模型。然后开始对得到的模型进行模型检验。

ARIMA 模型的优点：模型十分简单，只需要内生变量而不需要借助其他外生变量。

ARIMA 模型的缺点：①要求时序数据是稳定的(stationary)，或者是通过差分化(differencing)后是稳定的；②本质上只能捕捉线性关系，而不能捕捉非线性关系。

7.2　数据驱动的建模：人工神经网络

通过分析训练后的神经网络的连接上的权重，可以量化井间连接。给定连接链路上的权重的优化值表示给定输入参数对输出参数的影响程度。因此，一旦训练完成，可以使用将每个喷油器信号连接到生产者的信号的相对值来量化连接性。油田中每个生产井都有单独的神经网络。给定生产者的神经网络将提供每个注入器到该生产者的连通性。一旦所有神经网络模型都经过训练，所有注入器-生产器对之间的所有连通性都将被量化。这将会加深对于储层中的注水动态的理解，同时也有效地加深了总体储层的连通性的理解[61]。

针对储层中的每个生产井构造前馈人工神经网络。使用的训练算法是列文伯格-马夸尔特 BP 算法，并且由于低数量的总输入/输出参数(5 个喷射器和 1 个生产者：6 个参数)中，只有 1 隐藏层使用 12 个神经元。神经网络的结构示意图如图 7-1 所示。80%的历史生产/注入用于培训，10%用于在培训期间进行验证以防止过度培训，10%用于盲盒测试。

　　由于没有引入任何的物理定律，将模型称为数据驱动模型。模型在训练过程中通过神经网络训练来捕获的过程，是一个迭代过程。在满足某些停止标准后，权重保持在最佳状态，这时候，神经网络可以在较高的精度水平内预测产液量。在这种情况下，最佳的权重将代表每个注入井对生产井产液量的贡献。它可以用作注入井和生产井之间连通性的量化。权重越高，代表贡献越强，因此，权重越高，连通性越强；权重越低，连通性越弱。

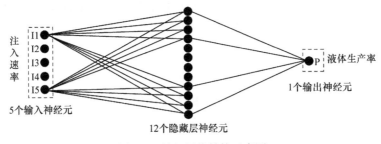

图 7-1　神经网络结构示意图

7.3　基于 XGBoost 的井间动态连通性模型研究

7.3.1　模型分析

　　根据系统论的思想，认为生产井、注水井和井间孔通道是一个完整的系统。可以根据注水井、地层、油井系统的输入值和输出值，计算注水井和生产井的关系，进而判别它们的连通性。水注入油藏后，会从连通的储层将原油或地层水推动注入油井，来维持油井的生产。注入井注水量的变化导致油井生产发生了变化，这是油水井层间连接的特征。因此，油井产液量的波动与注入井和生产井之间的连通性有关。

　　由于关停井问题的存在，树模型很容易将生产井工作时间作为决定性作用最大的那个特征，将其作为根节点[62]。这种结果能很好地拟合不同生产时间的需要。对于一个单一的决策树模型，该模型容易过拟合，并且不能在实际应用中得到有效的应用，所以使用了 Boosting 集成学习方法。

　　在本书中，模型的输入-输出关系的映射主要是通过注水井的注水量和给定生产井的产液量输出实现的。分析训练后的 XGBoost 的特征重要性，可以用来量化井间连通性。特征重要性是通过量化每个特征对模型预测能力的贡献程度来评估的，具体而言，它反映了在构建集成模型的每一棵树时，各特征被用于分裂节点的频次和效果，以此来计算它们对整体模型性能的相对贡献。这一度量的更高值意味着它对于生成预测比其他特征更重要。

给定特征的重要性程度可以表示给定输入对输出的影响程度。因此，训练完成后，可以使用每个注入井的特征重要性程度来量化连通性。油田中每个生产井都有单独的模型。给定生产井的模型将提供每个注入井到该生产井的连通性。一旦模型经过训练，所有注入井-生产井对之间的连通性都将被量化。这将提供有关储层注水动态的见解，并有助于了解总体储层连通性。

由于输入特征是某个注入井某天对生产井的输入，所以特征重要性量化的是某个注入井某天的注水量和生产井产液量之间的关系。本书应用时间衰减系数将它们组合起来。计算时间衰减系数，并与处理后的注入井每日的注水量特征重要性按顺序相乘后相加，得到连通程度数值。

时间衰减系数公式如式(7-4)所示：

$$N(t) = N_0 e^{-\alpha(t+l)} \tag{7-4}$$

其中，l 代表向左的平移量，它可以让数值从任何位置处进行衰减，而不是必须从 N_0 开始衰减。假设从 N_{init} 处开始衰减，经过 m 天的衰减最终达到 N_{finish}，列写方程如式(7-5)和式(7-6)所示：

$$N_0 e^{-\alpha l} = N_{init} \tag{7-5}$$

$$N_0 e^{-\alpha(m+l)} = N_{finish} \tag{7-6}$$

可以解得

$$\alpha = \frac{1}{m}\ln\left(\frac{N_{init}}{N_{finish}}\right) \tag{7-7}$$

$$l = \frac{1}{\alpha}\ln\left(\frac{N_0}{N_{init}}\right) \tag{7-8}$$

代入时间衰减系数公式即可。

7.3.2 模型验证

4D 地震监测是一种科学的地质储层评价体系，也是提高采收率的重要方法，在应用 20 年的历史中，受到专家的一致肯定。这种检测方法主要用来收集来自地层的油藏属性的动态变化值。该项检测技术也可以用来判断注水井和生产井之间的作用关系。4D 地震不同于稀疏分布的井数据，3D 体数据可以有效评价井间的差异性。

　　在本书中，Volve 油田在生产和注水期间进行了两次时移地震勘探(第一次地震勘探是在 2008 年，第二次地震勘探在 2010 年)。

　　时移地震差异主要是由于油藏开采而引起的油藏特性变化所导致的。油藏开采会引起物性、岩性等因素的变化，包括孔隙度、地层压力、渗透率、温度、流体饱和度等[63]。但不管这些因素怎样变化，最终都反映在储层地震属性的变化上。

　　通过计算得到两次地震各点的平均能量值，将其做差后获得其绝对值，可以作为两次地震时间间隔内，各点处由于生产过程导致平均能量变化而反映出的储层变化。某点值越高，越表明其受注水生产过程的影响大，储层变化明显；某点值越低，越表明受注水生产的影响小，生产过程没有使其发生变化。最后可以使用这个数据对模型结果进行验证。

7.4　算法对比分析

　　本书选择了 Volve 油田 2009 年 1 月 1 日～2010 年 12 月 31 日的生产数据作为实验数据。生产井的基本特征为工作时间和产液量。注入井的特征为注水量。

　　选择的注入井为 F4 和 F5；生产井为 F12 和 F14。

　　R2_score，即决定系数，反映因变量的全部变异能通过回归关系被自变量解释的比例。计算过程如式(7-9)所示：

$$R^2 = 1 - \frac{\sum_{i=1}^{n}(y_i - \hat{y}_i)^2}{\sum_{i=1}^{n}(y_i - \overline{y})^2} \tag{7-9}$$

　　对于 R^2 可以通俗地理解为使用均值作为误差基准，看预测误差是否大于或者小于均值基准误差。

　　R2_score=1，样本中预测值和真实值完全相等，没有任何误差，表示回归分析中自变量对因变量的解释非常好。

　　R2_score=0。此时分子等于分母，样本的每项预测值都等于均值。

　　R2_score 不是 r 的平方，也可能为负数(分子>分母)，模型等于盲猜。

7.4.1　生产预测

　　图 7-2、图 7-3、图 7-4、图 7-5 分别为使用生产井 F12，在注入井 F4 和 F5 的情况下，ARMA、MLR、ANN、XGBoost 的预测产液量。图 7-6、图 7-7、图 7-8、图 7-9 分别为使用生产井 F14，在注入井 F4 和 F5 的情况下，ARMA、MLR、ANN、XGBoost 的预测产液量。R2 指标的结果如表 7-1 和表 7-2 所示。

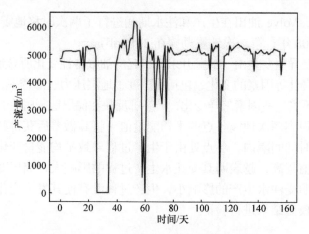

图 7-2 基于 ARMA 的 F12 井预测产液量

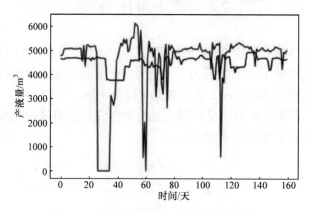

图 7-3 基于 MLR 的 F12 井预测产液量

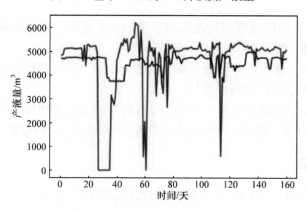

图 7-4 基于 ANN 的 F12 井预测产液量

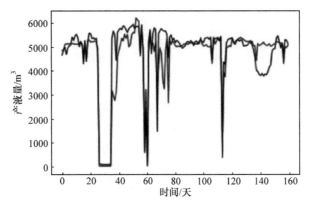

图 7-5　基于 XGBoost 的 F12 井预测产液量

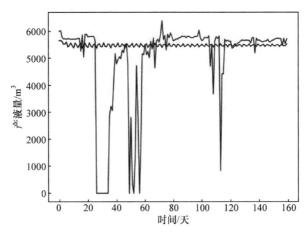

图 7-6　基于 ARMA 的 F14 井预测产液量

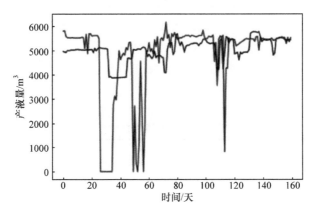

图 7-7　基于 MLR 的 F14 井预测产液量

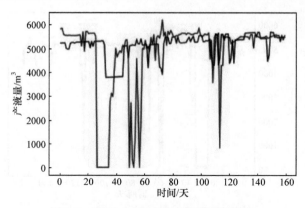

图 7-8　基于 ANN 的 F14 井预测产液量

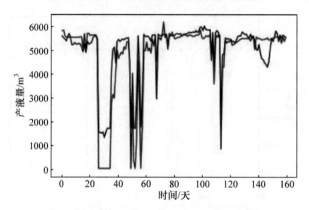

图 7-9　基于 XGBoost 的 F14 井预测产液量

表 7-1　F12 数据集

算法	R2
ARMA	−0.00315
MLR	0.0446759
ANN	0.0448
XGBoost	0.7856

表 7-2　F14 数据集

算法	R2
ARMA	−0.0919
MLR	0.0020
ANN	−0.0173
XGBoost	0.8210

7.4.2　井间连通

通过图表的对比可以知道，使用基于 XGBoost 的算法效果最好。主要是因为这些常用算法是不考虑时滞性的。

观察图 7-2~图 7-9 可以发现，在 20~40 天中有一段时间是产液量为 0 的时期(也就是这个时间段生产井不工作)，基于 XGBoost 的模型很好地拟合了这个特征。

在表 7-3 和表 7-4 中可以看出，本模型的 R2 评分最高，且在 F12 的数据集中，SRC、MLR、XGBoost 和 ANN 评价的井间连通性都是 F12-F4 的连通性好于 F12-F5 的连通性。F14 的数据集中，SRC、MLR 和 XGBoost 评价的井间连通性都是 F14-F4 的连通性好于 F14-F5 的连通性，ANN 评价的井间连通性是 F14-F4 的连通性略低于 F14-F5 的连通性。基本上，本模型的连通性量化结果符合其他模型的预测。

本模型之所以可以很好地拟合时滞性和不稳定生产，主要是因为加入了注入井前 n 天的注入量以及生产时间。

表 7-3　F12 数据集

算法	R2	F12-F4	F12-F5
SRC	—	0.124723	0.110155
MLR	0.0446759	0.132755	0.008509
ANN	0.0448	0.1265	0.0056
XGBoost	0.7856	0.5320	0.4680

表 7-4　F14 数据集

算法	R2	F14-F4	F14-F5
SRC	—	0.1728	0.1288
MLR	0.0020	0.1796	0.0169
ANN	−0.0173	0.1830	0.2010
XGBoost	0.8210	0.5658	0.4342

7.5　本 章 小 结

本章首先介绍了时间序列算法、人工神经网络和 XGBoost 等算法，然后分别将上述算法应用在生产预测任务和井间连通性任务上。生产预测任务是指根据井的历史生产数据预测未来的生产情况，井连通性是指根据井生产数据和测井数据来预测井和井之间的连通性。通过生产预测和井连通性预测，可以更好地了解石油生产状况，提高石油生产效率。

第8章　SeisAI平台

为方便进行地震石油勘探数据挖掘工作，本章针对具体数据挖掘需求进行了 B/S 结构的 SeisAI 平台研发工作，下面对其进行概要介绍。

8.1　平台体系架构

SeisAI 平台的后台基于 J2EE 技术进行开发，同时采用了 Spring Cloud 技术栈，即微服务架构，根据具体需求划分出了两个微服务：Seismic 和 File 服务。SeisAI 平台体系架构图如图 8-1 所示。

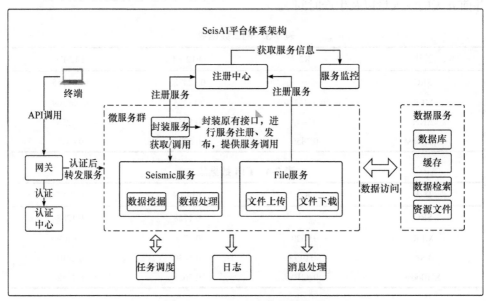

图 8-1　SeisAI 平台体系架构图

系统根据 Spring Cloud 推荐配置，建立了以 Eureka 注册中心为核心的微服务系统体系。Seismic 和 File 服务先到配置中心获取服务配置，之后到注册中心注册为可用实例服务。两个微服务在正常运行过程中会不断地和数据库与缓存交互，并获取资源文件进行工作。实例服务在运作中会进行相关任务调度、日志撰写，并负责相关的消息处理。

用户终端发送过来的请求会首先经过网关，进行权限认证操作。认证成功则转发请求到微服务集群，否则驳回请求。

8.1.1　Spring Cloud 简介

Spring Cloud 是网飞(NetFlix)旗下的基于 Spring Boot 的一整套实现微服务的框架，提供了微服务开发所需的配置管理、服务发现、路由熔断、智能路由、微代理、控制总线、全局锁、决策竞选、分布式会话和集群状态管理等组件。巧妙地利用了 Spring Boot 的开发便利性，简化了分布式系统基础设施的开发，使得开发者可以便利地使用 Spring Boot 的简易开发风格做到一键启动和部署项目，是开发者有力的简单易懂、易部署和易维护的分布式开发工具。

8.1.2　Seismic 微服务简介

Seismic 微服务是整个 SeisAI 平台的核心服务，负责项目管理、SEGY 数据处理、Horizon 数据处理、Well 数据处理、Interval 数据处理、数据挖掘服务以及可视化服务。整体包含 8 个 Controller 以及 10 个 Services，这些组件分别负责相应的功能和服务提供。Seismic 主要类结构图如图 8-2 所示。

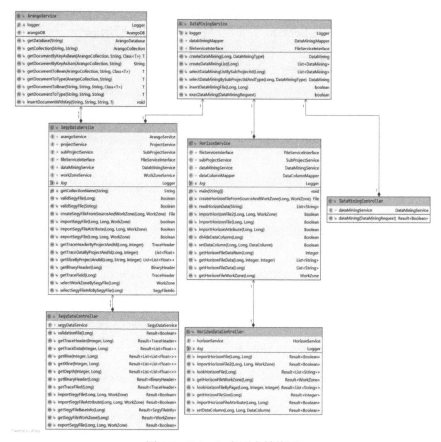

图 8-2　Seismic 主要类结构图

　　以下介绍最重要的三个组件：SEGYController、HorizonController 和 DataMining Controller。

　　SEGYController 包含 13 个方法，负责 SEGY 数据的检验，根据轨迹获取道头和数据，根据 Xline、Inline、Depth 三个方向进行切片，获取二进制道头，获取道头字段以及 SEGY 属性数据的导入和导出。

　　HorizonController 包含 5 个方法，方法涵盖导入 Horizon 文件、查看 Horizon 文件、导入层位属性数据、设置属性对应列等功能。

　　DataMiningController 只有 1 个方法，即数据挖掘操作，其根据前端传来的需要调用的算法，以及算法的各类参数进行数据挖掘 Python 脚本的调用。

8.1.3　File-Service 微服务介绍

　　文件微服务负责文件相关功能的提供，负责实现用户对于文件的四种操作：文件查看、文件下载、文件更新和文件上传。文件微服务包含 4 个 Controller，分别是：FileDetailController、FileDownloadController、FileUpdateController 和 FileUploadController。File-Service 主要类结构图如图 8-3 所示。

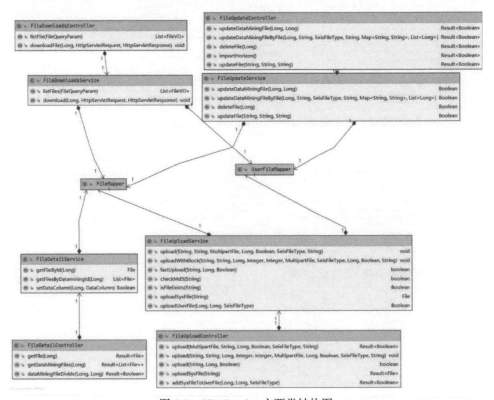

图 8-3　File-Service 主要类结构图

考虑到 SEGY 文件可能会比较大，上传文件模块将普通文件和大文件做了区别，大文件采取了分片上传的形式进行上传。

每一个 Controller 负责自己的工作，例如，UpdateController 负责文件更新相关事宜。各 Controller 互相之间不干扰，比较符合高内聚低耦合的软件原则。

8.1.4　前台架构

整体系统的架构为 B/S 架构即浏览器/服务器架构。因此前台根据需要选择 Vue 框架进行前端页面的设计，以此做到前后端分离。Vue 是一款构建用户界面的渐进式 JavaScript 框架，所谓渐进式即是自底向上的增量开发，Vue 是轻量级的，有很多独立的功能库，开发者在开发时根据自身的需求选用 Vue 的功能。根据具体需求，将前端分为四个模块：文件模块、导入模块、算法调用模块和可视化模块，具体如图 8-4 所示。

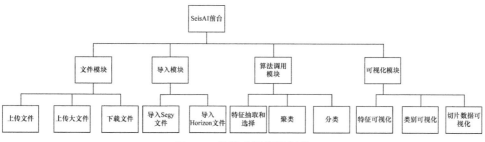

图 8-4　前端功能模块划分

四个模块相互之间具有非常紧密的关系，对于一般用户而言，操作步骤一般是上传文件、导入文件中的属性、调用算法和可视化。前台模块正是基于这种对于用户的操作需求进行构建页面。

8.1.5　SeisAI 算法中台介绍

算法中台为各个项目提供算法能力，如各类推荐算法和搜索算法等。

SeisAI 平台的算法中台是各类算法的 Python 脚本。数据挖掘算法主体是 Python-sklearn 库的调用，因为平台的后台架构是 Java 架构，故而采用了 Java 调用 Python 命令行的模式，这样做避免了在 Java 中导入各类 Python 包，简化部署。整体算法调用流程如下：

(1) DataMiningService 获得算法的名字，使用反射机制创建对应的算法类，如 K 均值；

(2) 调用算法类执行算法方法，方法中获得并验证传递的参数；

(3) 使用 Python 执行算法，通过获得命令行输出或者通过文件获得算法结果；

(4) 算法执行的结果加入项目的结构中，之后可以在前端对应页面看到生成的算法结果，并可对其进行可视化操作。

8.2　主要功能展示

8.2.1　文件上传

这个功能是帮助用户上传自己的文件，如上传 SEGY 和 Horizon 文件。文件上传界面如图 8-5 所示，通过点击 select file 按钮在文件选择框中选择本地文件，然后通过选择 File Type 选择文件的类型，之后可以为文件添加描述，选择是否公开用户文件，最后点击 start upload 按钮上传。

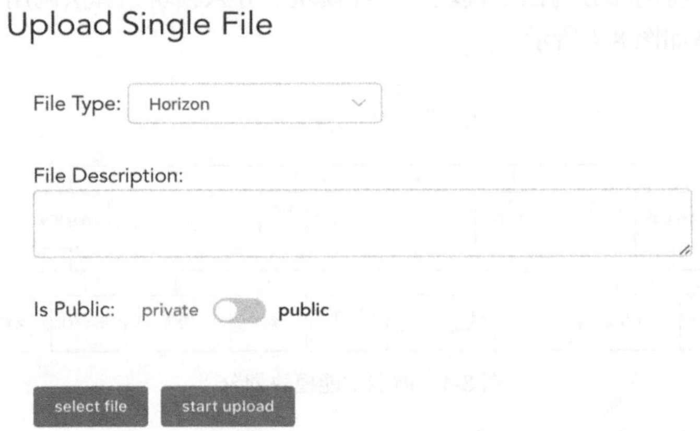

图 8-5　文件上传界面

8.2.2　文件分块上传

考虑到文件可能较大(尤其是 SEGY 文件)，采用正常的文件上传功能无法满足大文件的需求，平台提供了大文件上传功能。大文件上传(即分块上传)的界面如图 8-6 所示，基本流程和文件上传相似，选择文件后选择文件类型，填写文件描述，是否公开文件等，前端在上传之前需要先计算文件的 MD5，以此作为凭据来确保分片上传后文件的正确性，此功能支持添加多个大文件，最后点击按钮上传。

8.2.3　文件下载

文件下载界面如图 8-7 所示，通过选择文件类型筛选自己上传的各类文件，点击 Download 按钮即可将系统中的文件下载到本地。

8.2.4　导入 SEGY 文件

SEGY 文件导入流程分为多个步骤，第一步选择 SEGY 文件，进入如图 8-8

所示界面。接下来确认导入 SEGY 文件，选择 SEGY 文件后会验证文件的合法性，验证通过后可获得文件信息并更改相关参数。

Upload Big File

File Type: Horizon

File Description:

Is Public: private ⬤ **public**

Select File　　Start

File Name	Size	Status	Operation
H6seis32_3750_4350.sgy	608362244	Counting MD5	Delete

图 8-6　大文件上传界面

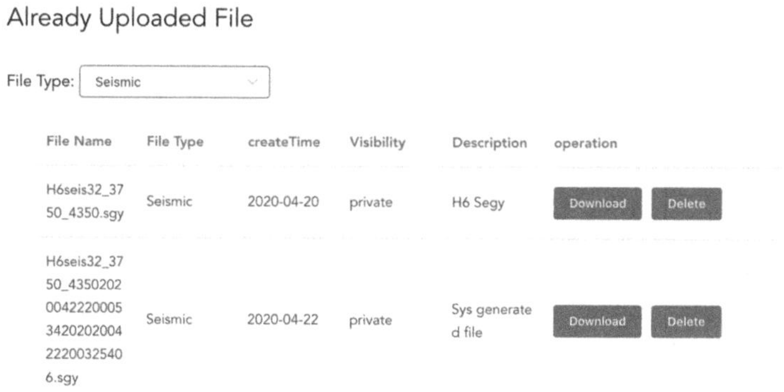

Already Uploaded File

File Type: Seismic

File Name	File Type	createTime	Visibility	Description	operation	
H6seis32_37 50_4350.sgy	Seismic	2020-04-20	private	H6 Segy	Download	Delete
H6seis32_37 50_4350202 0042220005 3420202004 2220032540 6.sgy	Seismic	2020-04-22	private	Sys generate d file	Download	Delete

图 8-7　文件下载界面

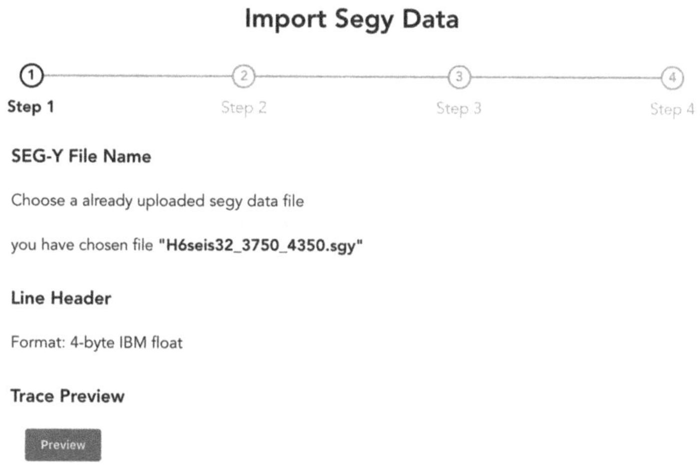

Import Segy Data

①————————②————————③————————④

Step 1　　　　　Step 2　　　　　Step 3　　　　　Step 4

SEG-Y File Name

Choose a already uploaded segy data file

you have chosen file **"H6seis32_3750_4350.sgy"**

Line Header

Format: 4-byte IBM float

Trace Preview

Preview

图 8-8　选择导入的 SEGY 文件

点击 Preview 可查看 Trace 切片，如图 8-9 所示。

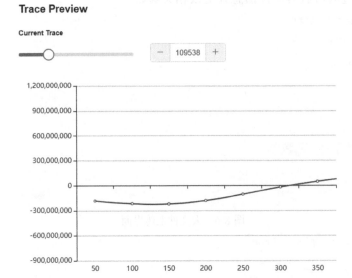

图 8-9　Trace 预览

进入后点击 Show Slice 可预览 SEGY 切片，如图 8-10 所示。

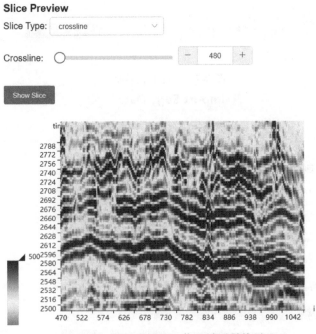

图 8-10　设置 SEGY 工作区域后最终导入

设置工作区，点击 Import 按钮即可完成导入，如图 8-11 所示。

Import Segy Data

Step 1　　　　　Step 2　　　　　Step 3　　　　　**Step 4**

Input Size(SEG-Y Format)

	From	To	Step
Crossline	470	1070	1
Inline	480	1180	1
Two-Way Time	2500	3100	2

Output Size(GTC Cube File Format)

	From	To	Step
Crossline	470	1070	1
Inline	480	1180	1
Two-Way Time	2500	3100	2

- Override Start Time
- Skip the trace if any value <
- Skip the trace if any value >
- Invalid Value 99999
- ☑ Skip handling misplaced traces

图 8-11　设置 SEGY 工作区域后导入

8.2.5　Horizon 数据导入

层位数据 Horizon 文件导入界面如图 8-12 所示，选择层位文件后可以浏览文件数据。随后根据层位数据选择数据列对应的含义，点击导入层位数据即可导入该数据，如图 8-13 所示。

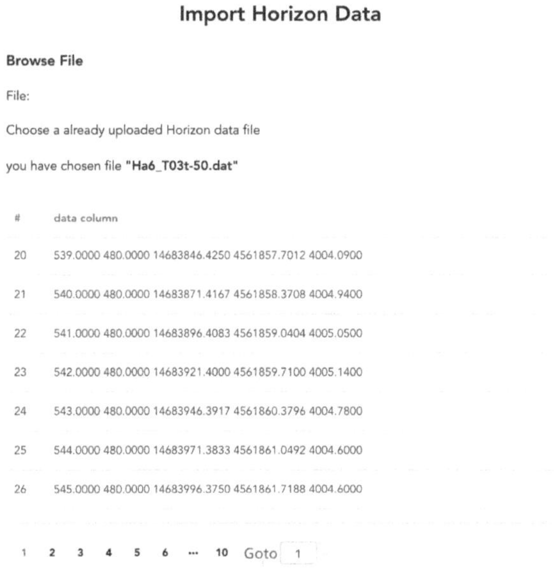

Import Horizon Data

Browse File

File:

Choose a already uploaded Horizon data file

you have chosen file **"Ha6_T03t-50.dat"**

#	data column
20	539.0000 480.0000 14683846.4250 4561857.7012 4004.0900
21	540.0000 480.0000 14683871.4167 4561858.3708 4004.9400
22	541.0000 480.0000 14683896.4083 4561859.0404 4005.0500
23	542.0000 480.0000 14683921.4000 4561859.7100 4005.1400
24	543.0000 480.0000 14683946.3917 4561860.3796 4004.7800
25	544.0000 480.0000 14683971.3833 4561861.0492 4004.6000
26	545.0000 480.0000 14683996.3750 4561861.7188 4004.6000

1　2　3　4　5　6　…　10　Goto　1

图 8-12　层位数据 Horizon 文件导入界面

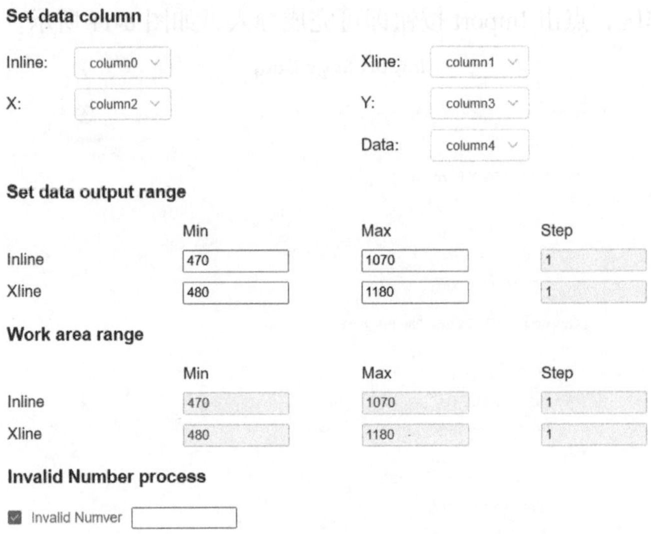

Set data column

Inline:	column0 ∨		Xline:	column1 ∨
X:	column2 ∨		Y:	column3 ∨
			Data:	column4 ∨

Set data output range

	Min	Max	Step
Inline	470	1070	1
Xline	480	1180	1

Work area range

	Min	Max	Step
Inline	470	1070	1
Xline	480	1180	1

Invalid Number process

☑ Invalid Numver [　　　　　]

图 8-13　设置属性列和范围并导入层位数据

8.2.6　SEGY 数据导出

SEGY 数据导出流程第一步如图 8-14 所示，通过在界面上选择对应的 SEGY 文件后点击 Export Seismic 按钮，进入导出文件的界面，如图 8-15 所示。在 SEGY 导出文件界面设置要导出文件的范围和错误值处理等信息后，点击 Export 按钮完成导出操作。

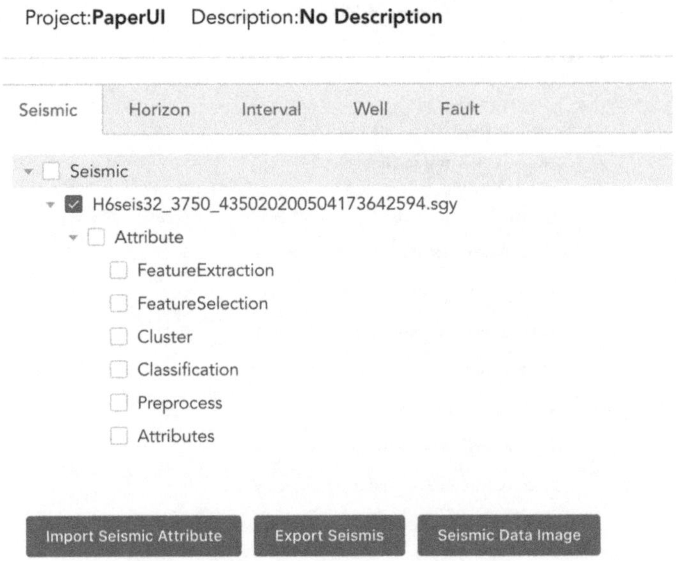

Project:**PaperUI**　　Description:**No Description**

Seismic	Horizon	Interval	Well	Fault

▼ ☐ Seismic
　▼ ☑ H6seis32_3750_435020200504173642594.sgy
　　▼ ☐ Attribute
　　　☐ FeatureExtraction
　　　☐ FeatureSelection
　　　☐ Cluster
　　　☐ Classification
　　　☐ Preprocess
　　☐ Attributes

[Import Seismic Attribute]　[Export Seismis]　[Seismic Data Image]

图 8-14　导出 SEGY 文件选项界面

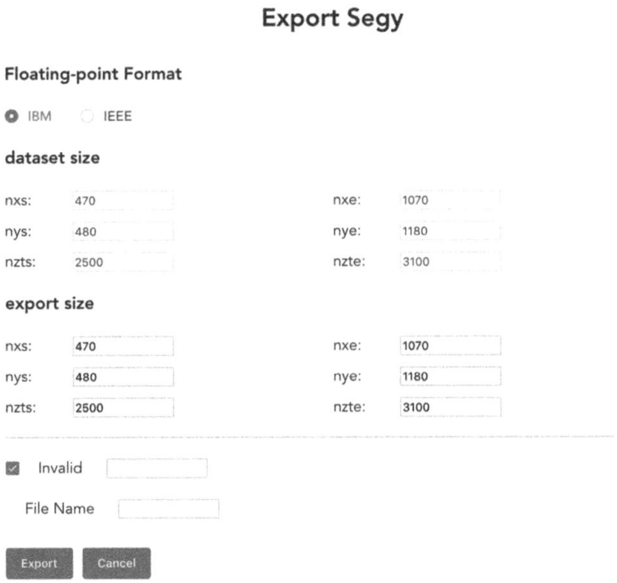

Export Segy

Floating-point Format

● IBM　　○ IEEE

dataset size

nxs:	470	nxe:	1070
nys:	480	nye:	1180
nzts:	2500	nzte:	3100

export size

nxs:	470	nxe:	1070
nys:	480	nye:	1180
nzts:	2500	nzte:	3100

☑ Invalid

File Name

Export　Cancel

图 8-15　导出 SEGY 文件界面

8.2.7　数据挖掘

在主界面上点击 Data Mining 选项中的 Cluster/Feature Extraction/Feature Selection 等按钮即可进行相应的算法操作。以聚类为例,按步选择要进行聚类的文件列表,如图 8-16 和图 8-17 所示,添加进右边选择框内即可进行下一步操作,如图 8-18 所示。

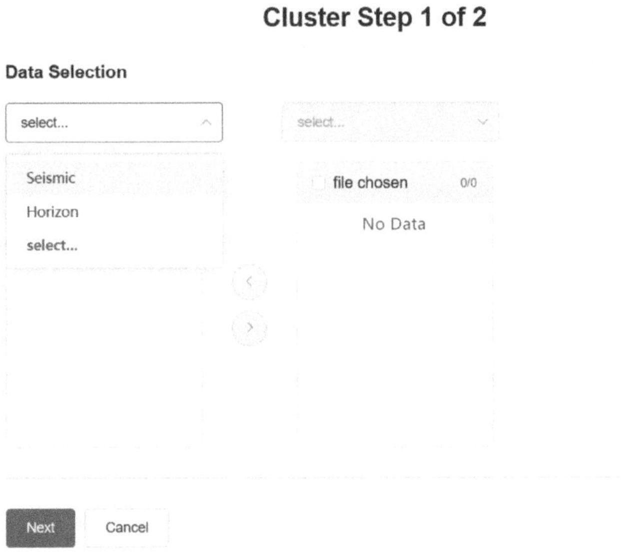

Cluster Step 1 of 2

Data Selection

select...	∧

select...	∨

Seismic

Horizon

select...

☐ file chosen　　0/0

No Data

⟨

⟩

Next　Cancel

图 8-16　选择数据类型

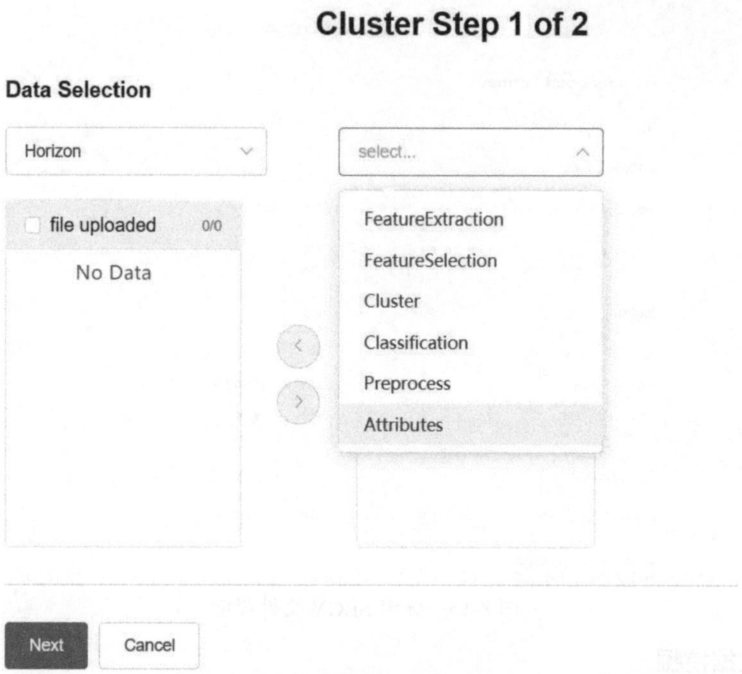

Cluster Step 1 of 2

Data Selection

| Horizon ∨ | select... ∧ |

☐ file uploaded　0/0

No Data

FeatureExtraction
FeatureSelection
Cluster
Classification
Preprocess
Attributes

< >

Next　Cancel

图 8-17　选择文件存放地

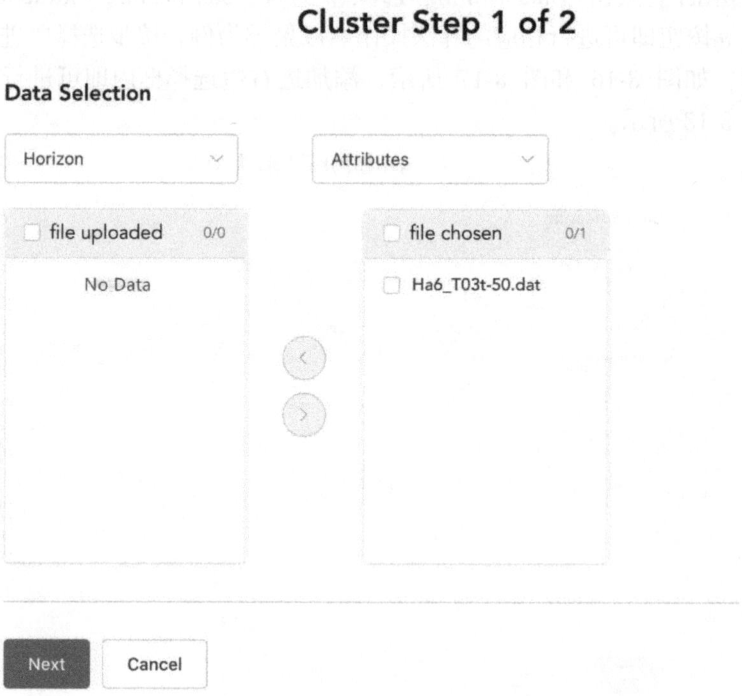

Cluster Step 1 of 2

Data Selection

| Horizon ∨ | Attributes ∨ |

☐ file uploaded　0/0

No Data

☐ file chosen　0/1

☐ Ha6_T03t-50.dat

< >

Next　Cancel

图 8-18　选择算法执行的数据文件

然后进入如图 8-19 所示界面,选择算法。

Cluster Step 2 of 2

Cluster Method

| K-Means | ^ |

| K–Means |
| DBScan |
| Optics |
| Spectral |
| SOM |
| GTM |
| Affinity Propagation |
| Emsemble Cluster |

	om	To	Step
	0	1070	1
	0	1180	1

	om	To	Step
Inline	470	1070	1
Crossline	480	1180	1

| Back | Finish | Cancel |

图 8-19　选择算法

以 K-Means 为例,选择 K-Means 算法后点击 Finish,进入如图 8-20 所示的界面填写对应算法的参数后,点击 Run 按钮即可执行算法。

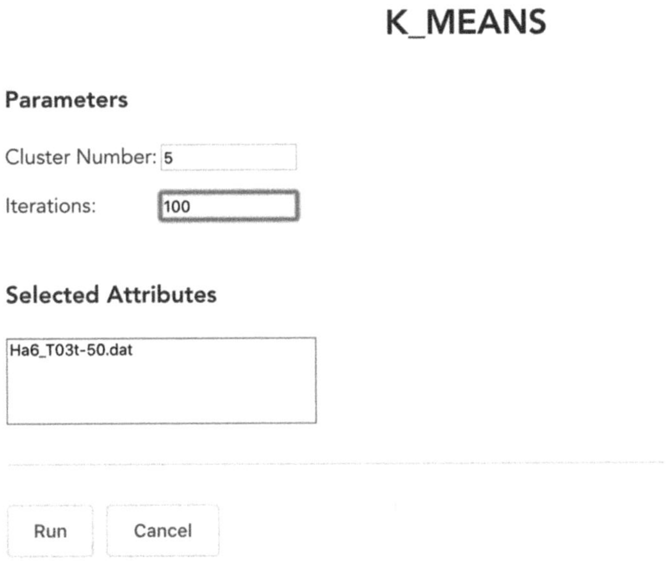

K_MEANS

Parameters

Cluster Number: 5

Iterations:　100

Selected Attributes

Ha6_T03t-50.dat

| Run | Cancel |

图 8-20　选择算法执行的数据文件

执行完毕后，算法结果会显示在如图 8-21 所示主界面上。

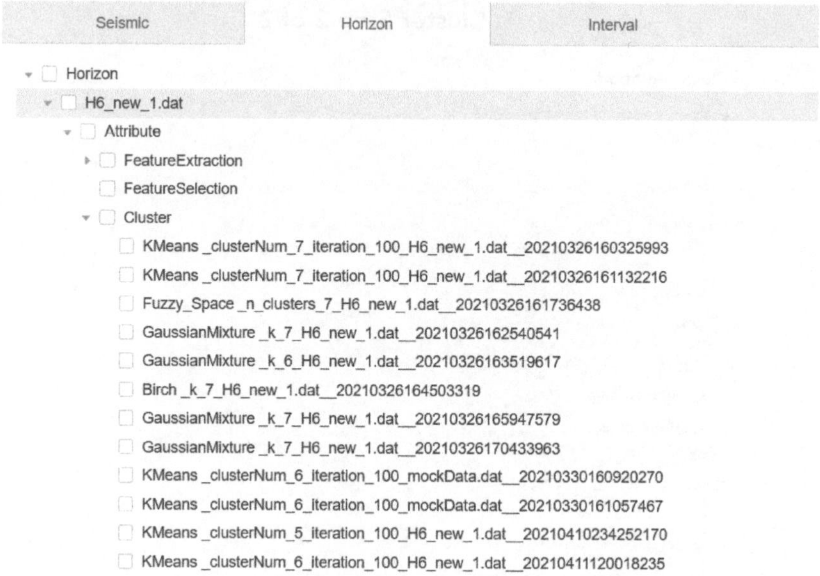

| Seismic | Horizon | Interval |

```
▼ ☐ Horizon
    ▼ ☐ H6_new_1.dat
        ▼ ☐ Attribute
            ▶ ☐ FeatureExtraction
              ☐ FeatureSelection
            ▼ ☐ Cluster
                ☐ KMeans _clusterNum_7_iteration_100_H6_new_1.dat__20210326160325993
                ☐ KMeans _clusterNum_7_iteration_100_H6_new_1.dat__20210326161132216
                ☐ Fuzzy_Space _n_clusters_7_H6_new_1.dat__20210326161736438
                ☐ GaussianMixture _k_7_H6_new_1.dat__20210326162540541
                ☐ GaussianMixture _k_6_H6_new_1.dat__20210326163519617
                ☐ Birch _k_7_H6_new_1.dat__20210326164503319
                ☐ GaussianMixture _k_7_H6_new_1.dat__20210326165947579
                ☐ GaussianMixture _k_7_H6_new_1.dat__20210326170433963
                ☐ KMeans _clusterNum_6_iteration_100_mockData.dat__20210330160920270
                ☐ KMeans _clusterNum_6_iteration_100_mockData.dat__20210330161057467
                ☐ KMeans _clusterNum_5_iteration_100_H6_new_1.dat__20210410234252170
                ☐ KMeans _clusterNum_6_iteration_100_H6_new_1.dat__20210411120018235
```

图 8-21　聚类算法执行的结果数据文件

特征抽取、特征选择和分类等数据挖掘算法操作步骤与聚类基本一致，结果会存放在主界面相应的文件夹下，如图 8-22、图 8-23 和图 8-24 所示，分别为特征抽取、特征选择和分类结果文件展示。

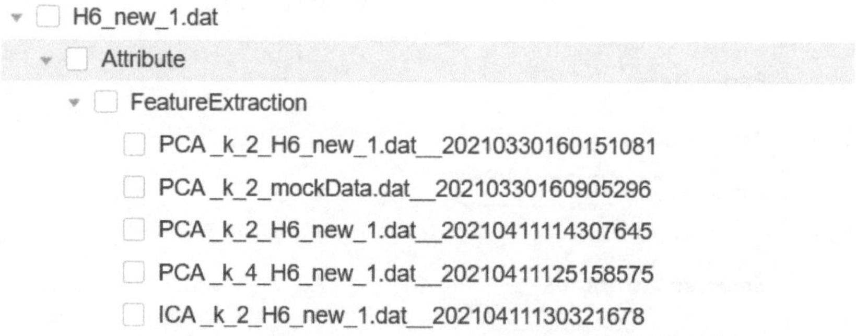

```
▼ ☐ H6_new_1.dat
    ▼ ☐ Attribute
        ▼ ☐ FeatureExtraction
            ☐ PCA _k_2_H6_new_1.dat__20210330160151081
            ☐ PCA _k_2_mockData.dat__20210330160905296
            ☐ PCA _k_2_H6_new_1.dat__20210411114307645
            ☐ PCA _k_4_H6_new_1.dat__20210411125158575
            ☐ ICA _k_2_H6_new_1.dat__20210411130321678
```

图 8-22　特征抽取结果文件

8.2.8　3D 数据可视化

平台支持对 SEGY 数据进行 3D 可视化，图 8-25、图 8-26 和图 8-27 分别为从 Inline、Crossline 和 Depth 三个方向进行切片可视化。图 8-28 为联合 Inline 和 Crossline 两个方向的切片数据可视化。

图 8-23　特征选择结果文件

图 8-24　分类结果文件

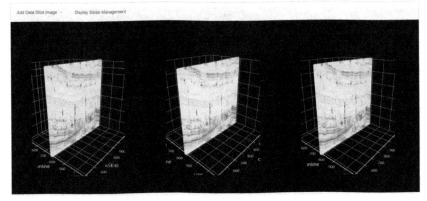

图 8-25　Inline 方向可视化查看切片数据

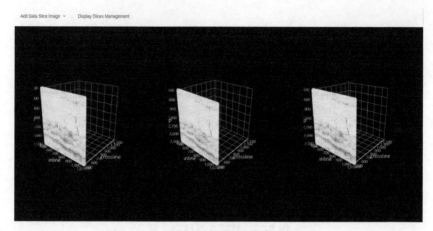

图 8-26　Crossline 方向可视化查看切片数据

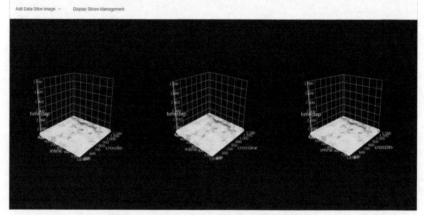

图 8-27　Depth 方向可视化查看切片数据

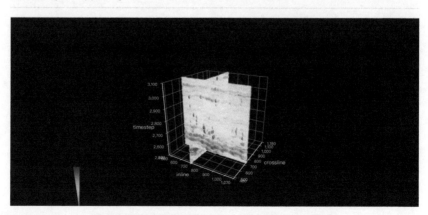

图 8-28　Inline 和 Crossline 可视化查看切片数据

8.2.9　数据挖掘可视化

查看数据挖掘的可视化结果需要在执行完数据挖掘算法后，算法执行的结果文件会自动保存在项目结构目录中。这里以聚类结果可视化为例，如图 8-29 所示，选择对应的聚类结果文件，点击 See Cluster Image 按钮即可进入可视化界面，获得如图 8-30 所示的可视化结果。

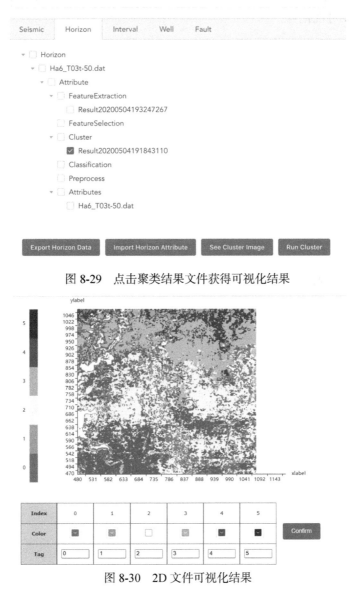

图 8-29　点击聚类结果文件获得可视化结果

图 8-30　2D 文件可视化结果

可以通过界面下方的颜色选择功能对各类的颜色进行调整。

8.3 本 章 小 结

本章首先介绍了 SeisAI 在线数据挖掘平台的架构，分别对其前台和后台做了相应的介绍。接下来对整体的功能做了相应的展示，包括机器学习算法的调用和聚类算法的 K-Means 等。并对系统重要的可视化界面做出相关展示，包括 2D 可视化和 3D 可视化等。

参 考 文 献

[1] 陈栓, 王玉波, 曹亮. 油气勘探领域地球物理技术现状及其发展趋势[J]. 石化技术, 2016, 23(2): 178-184.

[2] 王栋. 油气勘探领域地球物理技术现状及其发展趋势[J]. 中国石油和化工标准与质量, 2019, 39(6): 189-190.

[3] 刘振武, 撒利明, 张少华, 等. 中国石油物探国际领先技术发展战略研究与思考[J]. 石油科技论坛, 2014, (6): 12-22.

[4] 孙龙德, 方朝亮, 撒利明, 等. 地球物理技术在深层油气勘探中的创新与展望[J]. 石油勘探与开发, 2015, 42(4): 414-424.

[5] 杨慧珠, 巴晶, 唐建侯, 等. 油气勘探中常规地球物理方法的发展[J]. 石油地球物理勘探, 2006, (2): 231-236.

[6] Martin G S, Wiley R, Marfurt K J. Marmousi2: An elastic upgrade for Marmousi[J]. The Leading Edge, 2006, 25(2): 156-166.

[7] 周邓英. 含天然气水合物沉积地层反射地震记录叠前参数反演的应用研究[D]. 上海: 同济大学, 2005.

[8] Lindseth R O. Synthetic sonic logs—A process for stratigraphic interpretation[J]. Geophysics, 1979, 44(1): 3-26.

[9] Backus G, Gilbert F. The resolving power of gross earth data[J]. Geophysical Journal of the Royal Astronomical Society, 1968, 16(2): 169-205.

[10] 姚姚. 地球物理反演基本理论与应用方法[M]. 武汉: 中国地质大学出版社, 2002.

[11] 撒利明, 杨午阳, 姚逢昌, 等. 地震反演技术回顾与展望[J]. 石油地球物理勘探, 2015, 50(1): 184-202.

[12] Gholami A, Ansari H R. Estimation of porosity from seismic attributes using a committee model with bat-inspired optimization algorithm[J]. Journal of Petroleum Science and Engineering, 2017, 152: 238-249.

[13] Biswas R, Vassiliou A, Stromberg R, et al. Stacking velocity estimation using recurrent neural network[C]. 2018 SEG International Exposition and Annual Meeting, Anaheim, 2018.

[14] Das V, Pollack A, Wollner U, et al. Convolutional neural network for seismic impedance inversion[C]. 2018 SEG International Exposition and Annual Meeting, Anaheim, 2018.

[15] Alfarraj M, Alregib G J. Petrophysical property estimation from seismic data using recurrent neural networks[C]. 2018 SEG International Exposition and Annual Meeting, Anaheim, 2018.

[16] Picetti F, Lipari V, Bestagini P, et al. A generative adversarial network for seismic imaging applications[C]. SEG Technical Program Expanded Abstracts 2018, Anaheim, 2018.

[17] Phan S, Sen M. Deep learning with cross-shape deep Boltzmann machine for pre-stack inversion problem[C]. SEG International Exposition and Annual Meeting, San Antonio, 2019.

[18] Buland A, Omre H J G. Bayesian linearized AVO inversion[J]. Geophysics, 2003, 68(1): 185-198.

[19] Chaki S, Routray A, Mohanty W K. Well-log and seismic data integration for reservoir characterization: A signal processing and machine-learning perspective[J]. IEEE Signal Processing Magazine, 2018, 35(2): 72-81.

[20] Chaki S, Routray A, Mohanty W K, et al. A diffusion filter based scheme to denoise seismic attributes and improve predicted porosity volume[J]. IEEE Journal of Selected Topics in Applied Earth Observations and Remote Sensing, 2017, 10(12): 5265-5274.

[21] Mosser L, Kimman W, Dramsch J, et al. Rapid seismic domain transfer: Seismic velocity inversion and modeling using deep generative neural networks[C]. 80th EAGE Conference and Exhibition 2018, Copenhagen, 2018: 1-5.

[22] Du J M, Liu J, Zhang G, et al. Pre-stack seismic inversion using SeisInv-ResNet[C]. SEG International Exposition and Annual Meeting, San Antonio, 2019.

[23] 王钰清, 陆文凯, 刘金林, 等. 基于数据增广和 CNN 的地震随机噪声压制[J]. 地球物理学报, 2019, 62(1): 421-433.

[24] 赵鹏飞, 刘财, 冯晅, 等. 基于神经网络的随机地震反演方法[J]. 地球物理学报, 2019, 62(3): 1172-1180.

[25] 石战战, 夏艳晴, 周怀来, 等. 一种基于 L1-L1 范数稀疏表示的地震反演方法[J]. 物探与化探, 2019, 43(4): 851-858.

[26] 李祺鑫, 罗亚能. 生成对抗网络高分辨率地震反演[C]. 中国石油学会 2019 年物探技术研讨会, 成都, 2019.

[27] 焦海超. 三维地震数据中地震相划分方法研究[D]. 成都: 电子科技大学, 2019.

[28] 刘世界, 彭小东, 李军, 等. 一种基于生产数据反演注采井间动态连通性的方法[J]. 科学技术与工程, 2013, 13(1): 145-148.

[29] Yin Z, MacBeth C, Chassagne R, et al. Evaluation of inter-well connectivity using well fluctuations and 4D seismic data[J]. Jouranal of Petroleum Science and Engineering, 2016, 145: 533-547.

[30] 钱志, 胡心红, 杨宏伟, 等. 综合利用多种测井曲线进行地层划分与对比[J]. 石油仪器, 2008, (5): 46-47.

[31] 路琳琳, 杨作明, 孙贺东, 等. 动静态资料相结合的气井连通性分析——以克拉美丽气田火山岩气藏为例[J]. 天然气工业, 2012, 32(12): 58-61.

[32] 刘振宇, 张大为, 曾昭英, 等. 脉冲试井分析方法的改进[J]. 重庆大学学报(自然科学版), 2000, (S1): 210-212.

[33] 廖红伟, 王琛, 左代荣. 应用不稳定试井判断井间连通性[J]. 石油勘探与开发, 2002, 29(4): 87-89.

[34] 万新德, 吴逸. 脉冲试井在油田开发中的应用[J]. 特种油气藏, 2006, 13(3): 66-69.

[35] 梁聪. 气相色谱指纹技术判断井间连通性研究——以轮古油田轮古西为例[J]. 中国科技投资, 2014, (A05): 508, 534.

[36] 文志刚, 朱丹, 李玉泉, 等. 应用色谱指纹技术研究孤东油田六区块油层连通性[J]. 石油勘探与开发, 2004, 31(1): 82-83.

[37] 张钶, 陈明强, 高永利. 应用示踪技术评价低渗透油藏油水井间连通关系[J]. 西安石油大学学报(自然科学版), 2006, (3): 48-51.

[38] Albertoni A, Lake L W. Inferring interwell connectivity only from well-rate fluctuations in

waterfloods[J]. SPE reservoir evaluation & engineering, 2003, 6(1): 6-16.

[39] 丁耀. 高含水油藏井间动态连通性反演方法应用研究[D]. 北京: 中国石油大学 (北京), 2017.

[40] Tibshirani R. Regression shrinkage and selection via the lasso[J]. Journal of the Royal Statistical Society: Series B (Methodological), 1996, 58(1): 267-288.

[41] Comon P. Independent component analysis, a new concept[J]. Signal processing, 1994, 36(3): 287-314.

[42] He X, Niyogi P. Locality preserving projections[C]. Advances in neural information processing systems, Vancouver and Whistler, 2004.

[43] He X, Cai D, Yan S, et al. Neighborhood preserving embedding[C]. Tenth IEEE International Conference on Computer Vision (ICCV'05), Beijing, 2005: 1208-1213.

[44] Lloyd S. Least squares quantization in PCM[J]. IEEE Transactions on Information Theory, 1982, 28(2): 129-137.

[45] Shi J, Malik J. Normalized cuts and image segmentation[J]. IEEE Transactions on Pattern Analysis and Machine Intelligence, 2000, 22(8): 888-905.

[46] Bezdek J C. Pattern Recognition with Fuzzy Objective Function Algorithms[M]. New York: Kluwer Academic Publishers, 1981.

[47] Ester M, Kriegel H-P, Sander J, et al. A density-based algorithm for discovering clusters in large spatial databases with noise[C]. KDD'96: Proceedings of the Second International Conference on Knowledge Discovery and Data Mining, Portland, 1996.

[48] Quinlan J R. Induction of decision trees[J]. Machine Learning, 1986, 1(1): 81-106.

[49] Quinlan J R. C4. 5: Programs for Machine Learning[M]. Burlington: Elsevier, 2014.

[50] Breiman L, Friedman J, Stone C J, et al. Classification and Regression Trees[M]. New York: CRC Press, 1984.

[51] Cortes C, Vapnik V. Support-vector networks[J]. Machine Learning, 1995, 20(3): 273-297.

[52] Drucker H, Burges C J, Kaufman L, et al. Support vector regression machines[C]. Advances in neural information processing systems, Vancouver, 1997: 155-161.

[53] Cover T, Hart P. Nearest neighbor pattern classification[J]. IEEE Transactions on Information Theory, 1967, 13(1): 21-27.

[54] Breiman L. Random forests[J]. Machine Learning, 2001, 45(1): 5-32.

[55] Chen T, Guestrin C. Xgboost: A scalable tree boosting system[C]. Proceedings of the 22nd ACM Sigkdd International Conference on Knowledge Discovery and Data Mining, New York, 2016: 785-794.

[56] Rumelhart D E, Hinton G E, Williams R J. Learning representations by back-propagating errors[J]. Nature, 1986, 323(6088): 533-536.

[57] Krizhevsky A, Sutskever I, Hinton G E. Imagenet classification with deep convolutional neural networks[J]. Advances in neural information processing systems, 2012: 1097-1105.

[58] LeCun Y, Bengio Y, Hinton G. Deep learning[J]. Nature, 2015, 521(7553): 436-444.

[59] Wu Y, He K. Group normalization[C]. Proceedings of the European Conference on Computer Vision (ECCV), Munich, 2018: 3-19.

[60] Abdelouahab K, Pelcat M, Berry F. Why tanh is a hardware friendly activation function for CNNs[C]. Proceedings of the 11th International Conference on Distributed Smart Cameras, New York, 2017: 199-201.

[61] Artun E. Characterizing interwell connectivity in waterflooded reservoirs using data-driven and reduced-physics models: A comparative study[J]. Neural Computing & Applications, 2017, 28(7): 1729-1743.

[62] 唐华松, 姚耀文. 数据挖掘中决策树算法的探讨[J]. 计算机应用研究, 2001, (8): 18-19.

[63] 鲍祥生, 张金淼, 尹成, 等. 时移地震平均能量属性差异与储层速度变化的关系[J]. 石油物探, 2008, 47(1): 24-29.

附　　录

表 A-1　二进制文件头含义

字节	描述
3201-3204	作业标识号
3205-3208	测线号。对 3-D 叠后数据而言，他将典型地包含纵向测线(In-line)号
3209-3212	卷号
3213-3214	每个道集的数据道数。叠前数据强制要求
3215-3216	每个道集的辅助道数。叠前数据强制要求
3217-3218	微秒(μs)形式的采样间隔。叠前数据强制要求
3219-3220	微秒(μs)形式的原始野外记录采样间隔
3221-3222	数据道采样点数。叠前数据强制要求 注释：二进制文件头中的采样间隔和采样点数应当是文件中地震数据的首要一组参数
3223-3224	原始野外记录每道采样点数
3225-3226	数据采样格式编码。叠前数据强制要求 1=4 字节 IBM 浮点数 2=4 字节，两互补整数 3=2 字节，两互补整数 4=4 字节带增益定点数(过时，不再使用) 5=4 字节 IEEE 浮点数 6=现在没有使用 7=现在没有使用 8=1 字节，两互补整数
3227-3228	道集覆盖次数——每个数据集的期望数据道数(如 CMP 覆盖次数)。强烈推荐所有类型的数据使用
3229-3230	道分选码(即集合类型)： –1=其他(应在用户扩展文件头文本段中解释) 0=未知 1=同记录(未分选) 2=CDP 道集 3=单次覆盖连续剖面 4=水平叠加 5=共炮点 6=共接收点 7=共偏移距 8=共中心点 9=共转换点 强烈推荐所有类型的数据使用

字节	描述
3231-3232	垂直求和码: 1=不求和 2=两次求和 … $M=M-1$ 求和($M=2$ 到 32767)
3233-3234	起始扫描频率(Hz)
3235-3236	终止扫描频率(Hz)
3237-3238	扫描长度(ms)
3239-3240	扫描类型码: 1=线性 2=抛物线 3=指数 4=其他
3241-3242	扫描信道的道数
3243-3244	有斜坡时,以毫秒表示的扫描道起始斜坡长度(斜坡从零时刻开始,对这个长度有效)
3245-3246	以毫秒表示的扫描道终止斜坡长度(斜坡终止始于扫描长度减去斜坡结尾处的长度)
3247-3248	斜坡类型: 1=线性 2=cos 3=其他
3249-3250	相关数据道: 1=无相关 2=相关
3251-3252	二进制增益恢复: 1=恢复 2=未恢复
3253-3254	振幅恢复方法: 1=无 2=球面扩散 3=自动增益控制 4=其他
3255-3256	测量系统:强烈推荐所有类型的数据使用。如文件中包含位置数据文本段,这条必须与位置数据文本段一致。如不同,最后位置数据文本段有控制权。 1=米 2=英尺
3257-3258	脉冲极化码: 1=压力增大或检波器向上运动在磁带上记作负数 2=压力减小或检波器向下运动在磁带上记作正数

续表

字节	描述
3259-3260	地震信号滞后引导信号： 1=337.5°～22.5° 2=22.5°～67.5° 3=67.5°～112.5° 4=112.5°～157.5° 5=157.5°～202.5° 6=202.5°～247.5° 7=247.5°～292.5° 8=292.5°～337.5°
3261-3500	未赋值
3501-3502	SEGY 格式修订版号。这是一个 16 比特无符号数值，在第一和第二字节间有 Q 点。例如 SEGY 修订版 1.0，将记录为 0100_{16}。此字段对所有 SEGY 版本强制要求，尽管零值表示遵从 1975 年标准的"传统"SEGY
3503-3504	固定长度道标志。1 表示 SEGY 文件中所有道确具有相同的采样间隔和采样点数，即在原文文件头中 3217～3218 和 3221～3222 字节。0 表示文件中的道长可能变化，此时道头中 115～116 字节的采样点数必须用来确认各道的实际长度。此字段对所有 SEGY 版本强制要求，尽管零值表示遵从 1975 年标准的"传统"SEGY
3505-3506	3200 字节扩展原文文件头记录在二进制头后。0 表示没有扩展原文文件头记录(即此文件无扩展原文文件头)。–1 表示扩展原文文件头记录数可变，并且扩展原文文件头结尾用最终记录的一个文本段(SEG:ENDText)表示。正值表示有很多原文文件头。注意虽然具体的扩展原文文件头数目是个有用的信息，但是在写二进制头时他并不是总知道也不是强制要求在此记录正值。此字段对所有 SEGY 版本强制要求，尽管零值表示遵从 1975 年标准的"传统"SEGY
3507-3600	未赋值

表 A-2　数据道道头文件

字节	描述
1-4	测线中道顺序号——若一条测线有若干 SEGY 文件号数递增。强烈推荐所有类型的数据使用
5-8	SEGY 文件中道顺序号——每个文件以道顺序 1 开始
9-12	野外原始记录号。强烈推荐所有类型的数据使用
13-16	野外原始记录的道号。强烈推荐所有类型的数据使用
17-20	震源点号——当在相同有效地表位置多于一个记录时使用。建议在道头 197～202 字节定义新的条目用于炮点号
21-24	道集号(即 CDP、CMP、CRP 等)
25-28	道集的道数——每个道集从道号 1 开始

字节	描述
29-30	道识别码： –1=其他 0=未知 1=地震数据 2=死道 3=哑道 4=时断 5=井口 6=扫描 7=定时 8=水断 9=近场枪信号 10=远场枪信号 11=地震压力传感器 12=多分量地震传感器——垂直分量 13=多分量地震传感器——横向分量 14=多分量地震传感器——纵向分量 15=旋转多分量地震传感器——垂直分量 16=旋转多分量地震传感器——切向分量 17=旋转多分量地震传感器——径向分量 18=可控源反应质量 19=可控源底盘 20=可控源估计地面力 21=可控源参考 22=时间速度对 23…N=选用(最大 $N=32767$) 强烈推荐所有类型的数据使用
31-32	产生该道的垂直叠加道数(1 是一道，2 是两道求和，…)
33-34	产生该道的水平叠加道数(1 是一道，2 是两道求和，…)
35-36	数据用途：1=生产 2=试验
37-40	从震源中心点到检波器组中心的距离(若与炮激发线方向相反取负)
41-44	检波器组高程(所有基准以上高程为正，以下为负)
45-48	震源地表高程
49-52	震源距地表深度(正数)
53-56	检波器组基准高程
57-60	震源基准高程
61-64	震源水深
65-68	检波器组水深
69-70	应用于所有在道头 41～68 字节给定的真实高程和深度的因子。因子=1，+10，+100，或+1000。若为正，因子为乘数；若为负，因子为除数。道头中 69～70 字节的因子应用于这些数值
71-72	应用于所有在道头 73～88 字节和 181～188 字节给定的真实坐标值的因子。因子=1，+10，+100，或+1000。若为正，因子为乘数；若为负，因子为除数
73-76	震源坐标——X
77-80	震源坐标——Y
81-84	检波器组坐标——X
85-88	检波器组坐标——Y

续表

字节	描述
89-90	坐标单位: 1=长度(米或英尺) 2=弧度秒 3=小数度 4=度，分，秒(DMS) 注意：为编码±DDDMMSS89-90 字节等于±DDD*10+MM*10+SS，71-72 字节设置为 1；为编码±DDDMMSS89-90 字节等于±DDD*10+MM*10+SS*10，71-72 字节设置为-100
91-92	风化层速度(如二进制文件头 3255～3256 字节指明的 ft/s 或 m/s)
93-94	风化层下速度(如二进制文件头 3255～3256 字节指明的 ft/s 或 m/s)
95-96	震源处井口时间(毫秒)
97-98	检波器组处井口时间(毫秒)
99-100	震源的静校正量(毫秒)
101-102	检波器组的校正量(毫秒)
103-104	应用的总静校正量(毫秒)(如没有应用静校正量为零)
105-106	延迟时间 A——以毫秒表示的 240 字节道识别头的结束和时间断点之间的时间。当时间断点出现在头之后，该值为正；当时间断点出现在头之前，该值为负。时间断点是最初脉冲，他由辅助道记录或由其他记录系统指定
107-108	延迟时间 B——以毫秒表示的时间断点到能量源起爆时间之间的时间。可正可负
109-110	记录延迟时间——以毫秒表示的能量源起爆时间到数据采样开始记录之间的时间。在 SEGY 修订版 0 中本条用来表示深水作业，如果数据记录不从 0 时间开始。该条可为负值以适应负的起始时间(即数据记录在零时间之前，假设静校正量应用于数据道的结果)。若某非零值(正或负)记录在该条，他造成的影响的注释应出现在原文文件头
111-112	起始切除时间(毫秒)
113-114	终止切除时间(毫秒)
115-116	该道采样点数。强烈推荐所有类型的数据使用
117-118	该道采样间隔(微秒) 一道记录的字节数必须和写在道头中的采样点数一致。对所有记录介质都重要，但对正确处理磁盘文件中的 SEGY 数据尤为关键。 若二进制文件头中的 3503～3504 字节设置了固定长度道标志，SEGY 文件每道的采样间隔和采样点数必须与二进制文件头所记录的值一致。若没有设置固定长道标志，采样间隔和采样点数可能每道变化。 强烈推荐所有类型的数据使用
119-120	野外仪器增益类型: 1=固定 2=二进制 3=浮点 4… N=选用

续表

字节	描述
121-122	仪器增益常数(分贝)
123-124	仪器初始增益(分贝)
125-126	相关：1=无 2=有
127-128	起始扫描频率(赫兹)
129-130	终止扫描频率(赫兹)
131-132	扫描长度(毫秒)
133-134	扫描类型：1=线性 2=抛物线 3=指数 4=其他
135-136	扫描道斜坡起始长度(毫秒)
137-138	扫描道斜坡终止长度(毫秒)
139-140	斜坡类型：1=线性 2=cos 3=其他
141-142	假频滤波频率(赫兹)，若使用
143-144	假频滤波坡度(分贝/倍频程)
145-146	陷波频率(赫兹)，若使用
147-148	陷波坡度(分贝/倍频程)
149-150	低截频率(赫兹)，若使用
151-152	高截频率(赫兹)，若使用
153-154	低截坡度(分贝/倍频程)
155-156	高截坡度(分贝/倍频程)
157-158	数据记录的年——1975 年标准没有说清应该记成 2 位还是 4 位还是两者都用。除 SGEY 修订版 0 外，年份需记录成完整的 4 位罗马历法年(即 2001 年应记录为 $2001_{10}(7D1_{16})$)
159-160	日(以格林尼治标准时间和通用协调时间为基准的公元日)
161-162	时(24 小时制)
163-164	分
165-166	秒
167-168	时间基准码： 1=当地 2=格林尼治标准时间 3=其他，应在扩展原文文件头的用户定义文本段解释 4=通用协调时间
169-170	道加权因子——最小有效位数定义为 2 伏(N=0，1，…，32767)
171-172	滚动开关位置 1 的检波器组号

续表

字节	描述
173-174	野外原始记录中道号 1 的检波器组号
175-176	野外原始记录中最后一道的检波器组号
177-178	间隔大小(滚动时甩掉的总检波器组数)
179-180	相对测线斜坡起始或终止点的移动 1=下(或后) 2=上(或前)
181-184	该道的道集(CDP)位置 X 坐标(应用道头 71～72 字节的因子)。参考坐标系应通过扩展头位置数据文本段识别(见 D-1 节)
185-188	该道的道集(CDP)位置 Y 坐标(应用道头 71～72 字节的因子)。参考坐标系应通过扩展头位置数据文本段识别(见 D-1 节)
189-192	对于 3-D 叠后数据,本字段用来填纵向线号(In-line)。若每个 SEGY 文件记录一条纵向线,文件中所有道的该值应相同,并且同样的值将记录在二进制文件头的 3205～3206 字节中
193-196	对于 3-D 叠后数据,本字段用来填横向线号(Cross-line)。他应与道头 21～24 字节中的道集(CDP)号的值一致,但这并不是实例
197-200	炮点号——这可能只应用于 2-D 叠后数据。注意在此假设炮点号相对于特定道最靠近叠加(CDP)位置震源位置。如果不是这种情况,应在原文文件头中有注释解释炮点实际参考点
201-202	应用于道头中 197～200 字节中炮点号的因子,以得到实际数值。若为正,因子用作乘数;若为负,因子用作除数;若为零,炮点号不用于因子作用(即他是一个整数)。典型的值是 -10,允许炮点号小数点后有一位小数
203-204	道值测量单位: -1=其他(应在数据采样测量单位文本段描述) 0=未知 1=帕斯卡(Pa) 2=伏特(V) 3=毫伏(mV) 4=安培(A) 5=米(m) 6=米每秒(m/s) 7=米每二次方秒(m/s²) 8=牛顿(N) 9=瓦特(W)
205-210	转换常数——该倍数用于将数据道采样转换成转换单位(道头 211～212 字节指定)。本常数以 4 字节编码,尾数是两互补整数(205～208 字节)和 2 字节,十的指数幂是两互补整数(209～210 字节)(即(205～208 字节)×10**(209～210 字节))
211-212	转换单位——经乘以道头 205～210 字节中的转换常数后的数据道采样测量单位。 -1=其他(应在数据采样测量单位文本段 36 页描述) 0=未知 1=帕斯卡(Pa) 2=伏特(V) 3=毫伏(mV) 4=安培(A) 5=米(m) 6=米每秒(m/s)

字节	描述
211-212	7=米每二次方秒(m/s²) 8=牛顿(N) 9=瓦特(W)
213-214	设备/道标识——与数据道关联的单位号或设备号(即 4368 对应可控源号 4368 或 20316 对应 2 船 3 线 16 枪)。本字段允许道关联横跨独立于道号的道集(道头 25～28 字节)
215-216	在道头 95～114 字节给出的作用于时间的因子,以得到真实的毫秒表示的时间值。因子=1,+10,+100,+1000 或+10000。若为正,因子用作乘数;若为负,因子用作除数。为零设定因子为一
217-218	震源类型/方位——定义类型或能量源的方位。垂直项、横向项、纵向项作为正交坐标系的三个轴。坐标系轴的绝对角度方位可在面元网格定义文本段中定义(27 页) −1 到−n=其他(应在震源类型/方位文本段 38 页描述) 0=未知 1=可控震源——垂直方位 2=可控震源——横向方位 3=可控震源——纵向方位 4=冲击源——垂直方位 5=冲击源——横向方位 6=冲击源——纵向方位 7=分布式冲击源——垂直方位 8=分布式冲击源——横向方位 9=分布式冲击源——纵向方位
219-224	相对震源方位的震源能量方向——正方位方向在道头 217～218 字节定义。能量方向以度数长度编码(即 347.8°编码成 3478)
225-230	震源测量——描述产生道的震源效应。测量可以简单,定量的测量如使用炸药总重量或气枪压力峰值或可控源振动次数和扫描周期时间。尽管这些简单的测量可接受,但最好使用真实的能量或工作测量单位。 本常数编码成 4 字节,尾数为两互补整数(225～228 字节)和 2 字节,十的指数幂是两互补整数(209～230 字节)(即(225～228 字节)×10**(229～230 字节))
231-232	震源测量单位——用于震源测量、道头 225～230 字节的单位。 −1=其他(应在震源测量单位文本段 39 页描述) 0=未知 1=焦耳(J) 2=千瓦(kW) 3=帕斯卡(Pa) 4=巴(bar) 4=巴-米(bar-m) 5=牛顿(N) 6=千克(kg)
233-240	未赋值——为任选信息预留